Verein deutscher Maschinenbau-Anstalten
Düsseldorf

Die Maschinenzölle

in den

wichtigsten Kulturstaaten der Welt

nach dem Stande vom 1. Januar 1908

Springer-Verlag Berlin Heidelberg GmbH
1908

ISBN 978-3-642-90154-6   ISBN 978-3-642-92011-0 (eBook)
DOI 10.1007/978-3-642-92011-0

Vorbemerkung.

Die vorliegende Zusammenstellung der Maschinenzölle des In- und Auslandes ist aufgestellt nach dem Stande vom 1. Januar 1908. Bei der Bedeutung des Gegenstandes für unsere deutschen Maschinenfabriken und Exporteure haben wir uns nicht auf eine einfache Wiedergabe der Z o l l - t a r i f s ä t z e beschränkt, sondern auch die einschlägigen Z o l l t a r i f e n t s c h e i d u n g e n der letzten Jahre sowie e i n i g e   w i c h t i g e r e   z o l l t e c h n i s c h e   B e s t i m m u n g e n a l l g e m e i n e r   N a t u r einbegriffen.

Auch einige allgemeine B e s t i m m u n g e n   ü b e r   M ü n z e n ,   M a ß e   u n d   G e - w i c h t e , soweit sie hier interessieren, sind einbezogen worden; dabei ist zu bemerken, daß der Wert der ausländischen Münzen nach ihrem Metallfeingehalt in Mark und Pfennigen angegeben ist; als Umrechnungsmaßstab für die Ermittelung der Höhe einer Zollzahlung in deutscher Reichswährung dagegen ist, sofern nicht das Wertverhältnis wie bei Rußland vertraglich festgesetzt ist, der durch den jeweiligen Kurs bestimmte Verkehrswert maßgebend.

Die L ä n d e r sind innerhalb der Erdteile a l p h a b e t i s c h geordnet.

Die Bestimmungen, die auf Handelsverträgen beruhen, sind *kursiv* gedruckt, die Vertragssätze unter die fett gedruckten allgemeinen Sätze. Die Zahlen vor der Bezeichnung der Warengattung bedeuten die Nummern des jeweiligen Tarifs.

Die in [ ] Klammern gesetzten Artikel fallen an sich nicht unter die betreffende Nummer, sondern sind lediglich zum besseren Verständnis und zur Erhaltung der Originalfassung mit aufgenommen. (Vergl. z. B. bei Belgien.)

Die Anmerkungen sind, wenn nicht im Einzelfalle anders bemerkt, Gesetzestext; im Verwaltungswege getroffene Entscheidungen allgemeinerer Art sind durch den Zusatz »Notizlich« kenntlich gemacht.

Wenngleich die Zusammenstellung nach den neuesten amtlichen Unterlagen aufgestellt ist, so muß doch darauf hingewiesen werden, daß die Zollgesetzgebung sich in stetem Flusse befindet, die Zollsätze sich also fortgesetzt ändern.

Verein deutscher Maschinenbau-Anstalten.

Vorsitzender:

H. Lueg.

Geschäftsführer:

Dr.-Ing. **E. Schrödter.**

Europa.

Belgien.

Offizielle Zolltarifausgabe nach dem „Moniteur Belge" vom 18. Februar 1906.

Zollsatz
in Francs
für 100 kg

33 Maschinen, mechanische Vorrichtungen [und Werkzeuge[1])]

[Treibriemen (Maschinenriemen):

    aus Leder, Kautschuk oder ähnlichen Stoffen 30

    aus jedem anderen Stoff . . . . 20]

Andere:

    aus Aluminium 40

    aus Gußeisen 2

    aus Schmiedeeisen oder Stahl 4

    aus Holz . . . . 10 vH. vom Wert

    aus Kupfer oder jedem anderen Stoff[2]) 12

---

1) Die getrennt eingehenden Stücke oder Teile von Maschinen werden hinsichtlich der Anwendung der Zölle den vollständigen Maschinen gleichgeachtet. Verschiedenen Zollsätzen unterworfene Maschinen und Maschinenteile werden nach dem dem Gewichte nach vorherrschenden Bestandteile tarifiert. Die Anmelder sind gehalten, die Zollverwaltung in den Stand zu setzen, den hauptsächlichsten Bestandteil abzuschätzen, bei Vermeidung der Zahlung des Zolles nach dem höchst belegten Stoffe, der an der fraglichen Maschine oder dem Maschinenteil vorhanden ist.

[Unterseeische oder unterirdische elektrische Kabel sowie Wagen aller Art für Eisenbahnen und Straßenbahnen werden wie die Maschinen und mechanischen Vorrichtungen behandelt.

Unter der Benennung »Werkzeug« wird nur das Werkzeug verstanden, das zur Ausübung eines Handwerks dient.]

Unter der Bezeichnung »Maschinen, mechanische Vorrichtungen und Werkzeuge« können **zollfrei** zur Einfuhr zugelassen werden:

Dampfwalzen zum Walzen des Steinschlags der Landstraßen;

[kautschukierte Gewebe auch mit Unterlage von Filz, eigens für die Anfertigung von Kratzenbändern hergestellt. Die Einfuhr dieser Gewebe kann nur über die zu diesem Zwecke von dem Finanzminister ermächtigten Zollämter erfolgen; die Beteiligten haben den Zollbeamten nachzuweisen, daß die Gewebe tatsächlich zu dem angegebenen Zwecke bestimmt sind.]

Vorschriften für Maschinen und mechanische Vorrichtungen, die in mehreren
Sendungen eingehen.

Bei der Einfuhr von Maschinen und mechanischen Vorrichtungen in zerlegtem Zustande hat die Verzollung nach dem im Gewichte vorherrschenden Material des zusammengesetzten Gegenstandes zu erfolgen, wenn die nachstehenden Vorschriften beobachtet werden:

Die Teile der Maschinen und mechanischen Vorrichtungen können gleichzeitig oder nach und nach in verschiedenen Sendungen eingehen.

Alle Teilsendungen sind innerhalb einer bestimmten Frist, die von dem Einbringer bei Vorführung der ersten Sendung anzugeben ist und zwei Monate nicht übersteigen darf, bei der gleichen Zollstelle zur Zollabfertigung zu stellen.

Bei der Einfuhr einer Maschine oder mechanischen Vorrichtung in zerlegtem Zustande oder einzelner Teile einer solchen hat der Einbringer gleichzeitig mit der Zollerklärung Pläne und Zeichnungen des vollständigen Gegenstandes sowie eine Liste der Hauptbestandteile nach Beschaffenheit, Nummer und Einzelgewicht und die ungefähre Angabe des Gesamtgewichts der kleinen Nebenbestandteile vorzulegen.

Wenn nach der Abfertigung von einzelnen Teilen die anderen Teile nicht innerhalb der festgesetzten Frist zur Zollabfertigung gestellt worden sind, so hat die Verzollung der bereits eingebrachten Teile nach den Zollsätzen für getrennt eingehende Teile von Maschinen und mechanischen Vorrichtungen zu erfolgen. Das Fehlen einzelner unwesentlicher Nebenbestandteile soll jedoch die Anwendung des für den vollständigen Gegenstand geltenden Zollsatzes nicht ausschließen.

Bis zur Schlußabfertigung aller Teilsendungen bleibt der Zollbehörde vorbehalten, die Sicherstellung der gegebenenfalls zu entrichtenden höheren Zollbeträge zu verlangen und die in Teilsendungen eingeführten Stücke mit Identitätszeichen zu versehen; ferner ist sie befugt, nach Zusammenstellung der Maschine oder mechanischen Vorrichtung durch eine Revision auf Kosten des Zollpflichtigen sich von der Zugehörigkeit aller Teilsendungen zu dieser Maschine oder mechanischen Vorrichtung zu überzeugen. — Ersatz- und Reserveteile werden stets für sich verzollt.

2) Die Klasse der Maschinen und mechanischen Vorrichtungen aus Kupfer oder jedem anderen Stoffe umfaßt namentlich Goldschlägerhäutchen für Goldschläger sowie Kautschuk in Verbindung mit anderen Stoffen, zum Drucken von Stoffen zugerichtet.

Maschinen oder Maschinenteile und Werkzeuge aus Kupfer, Kautschuk usw. können als Kupferware, Kautschukware usw. deklariert werden, wenn der Einführer diese Tarifierung für vorteilhafter hält denn diejenige als Maschinen, mechanische Vorrichtungen und Werkzeuge.

Zolltarifentscheidungen.

Kühler zu Benzinmotoren, sogen. Radiatoren, sind wie »Maschinen, mechanische Vorrichtungen und Werkzeuge« zu behandeln und nach dem dem Gewicht nach vorherrschenden Stoff zu verzollen. (Verfügung des belgischen Finanzministers vom 26. März 1906, Nr. 52992.)

Pneumatische Vakuum-Saugapparate, genannt »Atom«, zur Entfernung von Staub sind als »Maschinen, mechanische Vorrichtungen und Werkzeuge, andere« zu behandeln und nach dem dem Gewichte nach vorherrschenden Bestandteile zu verzollen. (Desgl. vom 31. Dezember 1906, Nr. 71986.)

Zolltechnische u. a. Bestimmungen allgemeiner Art.

Münzen: 1 Franc = 100 Centimes = 0,81 $\mathcal{M}$.
Maße und Gewichte: Metrische.
Deutschland genießt die Meistbegünstigung.

Der Gewichtsverzollung wird das Reingewicht zugrunde gelegt, und zwar bei Anmeldung des Reingewichtes das wirkliche, andernfalls das gesetzliche, d. h. das nach Abzug der tarifmäßigen Tara vom Rohgewichte sich ergebende Gewicht.

Die im Zolltarif festgesetzten Wertzölle werden nach dem Werte am Orte des Ursprungs oder der Herstellung des eingeführten Gegenstandes unter Hinzurechnung der bis zum Orte der Eingangsabfertigung erforderlichen Beförderungs-, Versicherungs- und Kommissionskosten berechnet.

Der Importeur muß den Wert der in einem und demselben Kollo enthaltenen Waren getrennt angeben, wenn sie, auf dieser Grundlage tarifiert, unter eine und dieselbe Benennung des Tarifes fallen und sich im Wert voneinander unterscheiden.

Bulgarien.
Zolltarif vom 17./30. Dezember 1904 (am 1./14. Januar 1906 in Kraft getreten).

Zollsatz in Francs für 100 kg

487 Maschinen
    a) Näh- und Strickmaschinen sowie deren Teile und Zubehörstücke **40**
    26,50
       Nähmaschinen sowie deren Teile und Zubehörstücke *30*
    b) Schreib- und Rechenmaschinen sowie Kassen mit Zählvorrichtungen **100**
489 Maschinen zum Kämmen, Krempeln usw. von Wolle, Baumwolle und anderen Spinnstoffen **25**
490 Landwirtschaftliche Maschinen und Geräte:
    a) Pflüge, Sortiermaschinen und Pulverisatoren . . . . **zollfrei**
    b) Säemaschinen, Mähmaschinen, Erntemaschinen, Maschinen zum Zerquetschen und Reinigen von Körnerfrüchten sowie Eggen **5**
       Säe-, Mäh- und Erntemaschinen . . . . *zollfrei*
491 Feuerspritzen, hydraulische Maschinen und alle anderen Maschinen **10**
492 Maschinen und Apparate, Teile von Maschinen aus Guß-, Schmiedeeisen oder Stahl, nicht besonders genannt . . . . **zollfrei**

    Hierher gehören unter anderem Kraftmaschinen aller Art, mit Ausnahme der Wasserturbinen, auch in Verbindung mit Arbeitsmaschinen; Dampfkessel; elektrische Maschinen; Werkzeugmaschinen, einschließlich der mechanischen Gattersägen; Kompressoren; Kältemaschinen; Maschinen für die Brauerei, Brennerei, Zucker- und Papierfabrikation, für die Buchdruckerei und für andere polygraphische Gewerbe, ausschließlich der Steindruckerei; Maschinen für die Ziegelbrennerei und für andere keramische Gewerbe.

    Anmerkung zu Nr. 492. Maschinen, Apparate, Maschinenteile und notwendige Zubehörstücke zu Maschinen aus anderen Stoffen als aus Schmiedeeisen, Stahl oder Gußeisen werden nach dem Stoff verzollt, jedoch bleiben Teile aus Kupfer oder Messing, die an einer Maschine aus Schmiedeeisen, Stahl oder Gußeisen angebracht sind, ohne Einfluß auf die Verzollung.
    Ferner werden nach Nr. 492 Maschinenteile und notwendige Zubehörstücke zu Maschinen verzollt, die gleichzeitig mit den Maschinen, zu denen sie gehören, eingeführt werden.

    Anmerkung zu den Nr. 489 bis 492. Maschinen, die unter den im Gesetze zur Förderung der Industrie und des Handels vom $\frac{23.\ M\ddot{a}rz}{5.\ April}$ 1905 vorgesehenen Bedingungen nach Bulgarien eingeführt werden, sind . . . . *zollfrei*

494 Lokomotiven . . . . **15 vH.** des Wertes

Zolltechnische u. a. Bestimmungen allgemeiner Art.

M ü n z e n: 1 Leu (Franc) zu 100 Stotinki (Centimes) = 0,81 ℳ.
M a ß e und G e w i c h t e: Metrische.
Deutschland genießt die Meistbegünstigung.
Die spezifischen Zölle werden nach dem R e i n g e w i c h t der Waren erhoben.
Nach dem R o h g e w i c h t e werden die Zölle nur erhoben:
    a) wenn die Waren nach dem Tarif mit einem Zolle von 10 Francs oder weniger für 100 kg belegt sind,
        Bruchteile eines Kilogramms werden bei Waren, die einem Zollsatze von 10 Francs und weniger für 100 kg Rohgewicht unterliegen, als ganze Kilogramme gerechnet.
    b) wenn diese Verzollungsart ausdrücklich im Tarif vorgeschrieben ist.

Bei Maschinen findet die E r m i t t e l u n g des z o l l p f l i c h t i g e n R e i n g e w i c h t e s in folgender Weise statt:
    a) Wenn im allgemeinen Zolltarif vorgeschrieben ist, daß für die unmittelbare Umhüllung keine Tara zu gewähren ist, so wird das Gewicht der äußeren und inneren Umschließung, nicht aber auch der unmittelbaren Umhüllung abgerechnet.
    b) Sieht der Generaltarif keine Bestimmung über den Abzug des Gewichtes der unmittelbaren Umhüllung vor, so werden sämtliche äußere und innere Umschließungen ohne Unterschied abgezogen.

Cypern.

Zolltarif von 1899.

Maschinen unterliegen als nicht besonders genannte Waren einem Wertzolle von **8 vH.**

Zolltechnische u. a. Bestimmungen allgemeiner Art.

M ü n z e n: Englische; auch cyprische Kupferpiaster, 9 Stück = 1 Schilling.
Muster ohne Handelswert sind **zollfrei.**

Die auf eingeführte Waren zu erhebenden W e r t z ö l l e sind nach dem Werte der Waren an dem Orte ihrer Versendung oder ihres Einkaufes zu berechnen, unter Hinzurechnung der Transportkosten, einschließlich der Versicherung, welche für die Einfuhr der Waren nach dieser Insel bis zum Hafen der endgültigen Löschung erforderlich sind.

Dänemark.

Zolltarif von 1884[1]).

	Zollsatz für 1 Pfund in	
	Riksdaler	Skilling
N i c h t b e s o n d e r s g e n a n n t e W a r e n unterliegen nach Tarif-Nr. 271 einem Wertzolle von **10 vH.**		
173 Dampfkessel und große Maschinenteile aus ausgeschmiedetem Eisen, grobe, gegossene Maschinenteile, ohne Rücksicht darauf, ob die in dieser Klasse bezeichneten Schmiede- und Gußwaren abgedrechselt, abgefeilt, abgeschliffen oder gemalt sein möchten.	—	**1**
262 Lokomotiven . . . . für 1 Stück **500**		—

Zolltarifentscheidungen.

M a s c h i n e n p a c k u n g oder I s o l i e r m a t e r i a l, bestehend in gewebten Platten aus Asbest in Verbindung mit dünnem Messingdraht, ist nach Tarif-Nr. 271 mit **10 vH.** des Wertes zu verzollen. (Entscheidung des Generalzolldirektors vom 6. Oktober 1905.)

H a n d z e n t r i f u g e n, aus Teilen bestehend, die sowohl unter Tarif-Nr. 174 (für 1 Pfund **3** Skilling) als auch unter Tarif-Nr. 173 (für 1 Pfund **1** Skilling) fallen, deren vorwiegende und zugehörende Teile jedoch unter die letztere Tarifnummer gehören, sind nach dieser Nummer mit **1** Skilling = $2^1/_{12}$ Öre für 1 Pfund zu verzollen. (Desgl. vom 15. Mai 1906.)

---

[1]) Es sei darauf hingewiesen, daß die dänische Regierung im letztvergangenen Jahre einen neuen Entwurf zum Zolltarif vorbereitet hat, auf Grund dessen unter anderem in Handelsvertragsverhandlungen mit Deutschland getreten wurde. Diese Verhandlungen sind noch nicht abgeschlossen. Eine anderweite Festsetzung der dänischen Einfuhrzölle auf Maschinen in absehbarer Zeit ist daher nicht ausgeschlossen.

Zolltechnische u. a. Bestimmungen allgemeiner Art.

M ü n z e n: Nach dem Tarif: 1 Riksdaler = 96 Skilling = 2,75 ℳ. Die neue Münze ist 1 Krone Silber = 100 Öre = 1.125 ℳ.

Das Verhältnis der alten zu der jetzigen Münzsorte ist dahin bestimmt, daß 1 Riksdaler 2 Kronen gilt.

M a ß e : Metrische.

G e w i c h t e: 1 Pfund = 100 Quint = 0,5 kg; 1 Zentner = 50 kg; 1 Kommerzlast = 2600 kg.

Deutschland genießt die Meistbegünstigung.

Die Regel im Falle der G e w i c h t v e r z o l l u n g bildet die Verzollung nach dem Reingewichte.

Ein aus verschiedenen Bestandteilen zusammengesetzter Gegenstand, der in seiner Zusammensetzung nicht unter einen der Sätze des Zolltarifs gehört, ist in seiner Gesamtheit wie derjenige seiner Bestandteile zu verzollen, der nach dem Erachten der Zollbehörde dem Gegenstande seinen Charakter gibt, selbst wenn sich von diesem Bestandteile nicht sagen läßt, daß er der Menge nach den Hauptbestandteil bildet. In Fällen, wo diese Regel keine genügende Anleitung gibt, ist der zusammengesetzte Gegenstand wie »Nicht genannte Waren« zu verzollen.

Der Wert der der W e r t v e r z o l l u n g unterliegenden Waren ist nach dem zur Zeit der Zollentrichtung im Lande gangbaren Preise, nach Abzug des Zolles zu bestimmen.

Deutschland.

Zolltarif vom 25. Dezember 1902 (*mit den Vertragsätzen*).

Zollsatz
in ℳ
für 100 kg

Dampfkessel und Dampffässer aus schmiedbarem Eisen sowie zusammengesetzte Teile von solchen, auch mit Ausrüstung (Armatur) versehen:

801   mit mehr als 10 unter sich gleichen Röhren von einer 300 mm oder weniger betragenden lichten Weite; auch Dampfkessel aller Art aus nicht schmiedbarem Guß:

   bei einem Reingewichte) von 50 dz oder darunter **8**

   des Stückes   ∫ von mehr als 50 dz **6**

802   andere **5**

   A n m e r k u n g zu Nr. 801 und 802. Dampfkessel aus schmiedbarem Eisen sowie zusammengesetzte Teile von solchen, auch mit Ausrüstung (Armatur) versehen, zur Verwendung beim Schiffbau . . . .   frei

807 [Kloben und Rollen zu Flaschenzügen;] Winden und sonstige fortschaffbare Hebezeuge **7**

   Winden und sonstige fortschaffbare Hebezeuge   3

   A n m e r k u n g. Abnehmbare Ketten und Seile zu derartigen Hebezeugen sind gesondert zu verzollen.

817 Kratzenbeschläge **40**

818 Spindeln aller Art **10**

819 Webschäfte, Weberlitzen, Weberlitzenringe (Maillons), Weberblätter und Weberblätterzähne (Riete und Rietstäbe), Schützen, Spulen aller Art und ähnliche Ausrüstungsgegenstände für Spinn- und Webmaschinen **15**

   12

   A n m e r k u n g. Der Zollsatz von 12 ℳ findet vertragsmäßig auch auf vernickelte Gegenstände der Nr. 819 Anwendung.

891 Läutewerke, durch Luftdruck betrieben; Sprechmaschinen (Phonographen) einschließlich der mit ihnen in fester Verbindung stehenden elektrischen Maschinen; Reißzeuge; Polarisationsinstrumente; Bussolen und Kompasse; [Rechen- und Schreibmaschinen; Elektrisiermaschinen; Modelle von Maschinen und Schiffen aus unedlen Metallen oder aus Legierungen unedler Metalle]; Schrittzähler und ähnliche Taschenzählwerke ohne Uhrwerke; andere Zählwerke [sowie selbsttätige Meß- und Registriervorrichtungen ohne Uhrwerke]; Präzisionswagen, [selbsttätige Wagen und selbsttätige Verkaufsvorrichtungen]; alle diese, soweit sie nicht durch ihre Verbindungen unter höhere Zollsätze fallen **60**

   Sprechmaschinen (Phonographen) einschließlich der mit ihnen in fester Verbindung stehenden elektrischen Maschinen; Instrumente zur mechanischen Integration (Planimeter, Integratoren); hydrometrische Instrumente (Instrumente zur Messung der Wassergeschwindigkeit, Registrierpegel); Geschwindigkeitsmesser für Fahrzeuge; alle diese aus unedlen Metallen oder Legierungen unedler Metalle, ohne Uhrwerke, und soweit sie nicht durch die Verbindung mit anderen Stoffen unter höhere Zollsätze fallen   40

[Hydrometrische Instrumente und Geschwindigkeitsmesser m i t Uhrwerken siehe Tarif‑Nr. 934 = 200 ℳ, vertragmäßig 40 ℳ]

Zollsatz
in ℳ
für 100 kg

Anmerkung. Chirurgische Instrumente, die zur Ausführung von chirurgischen Operationen unmittelbar dienen, sowie astronomische, optische, mathematische, chemische und physikalische Instrumente, die ausschließlich wissenschaftlichen Untersuchungen dienen und nicht Gegenstand des allgemeinen oder des gewerblichen Gebrauchs sind, werden **zollfrei** abgelassen.

892	Dampflokomotiven, auf Schienen laufend:	
	Tenderlokomotiven bei einem Reingewichte der Maschine von 100 dz oder darunter	**11**
	Tenderlokomotiven bei einem Reingewichte der Maschine von mehr als 100 dz;	
	Lokomotiven ohne Tender	**9**
	[Lokomotivtender	**5**]
893	Dampflokomotiven, nicht auf Schienen laufend, einschließlich der Dampfstraßenwalzen; Dampflokomobilen, fahrbar oder nicht fahrbar:	
	bei einem Reingewichte { von 60 dz oder darunter	**9**
	der Maschine { von mehr als 60 dz	**8**

894 [1]) Dampfmaschinen, Dampfturbinen, Wasserkraftmaschinen (Turbinen, Wasserräder und Wassersäulenmaschinen), Verbrennungs- und Explosionsmotoren, Heißluft- und Druckluftmotoren und andere vorstehend nicht genannte Kraft- (Antriebs-) Maschinen (mit Ausnahme der Elektromotoren), auch in Verbindung mit Dynamomaschinen, Pumpen, Hämmern, Gebläsemaschinen, Kältemaschinen, Fördermaschinen; ferner feststehende, fahrbare oder schwimmende Bagger, Rammen und Krane:

von 40 kg oder darunter	**100**
von mehr als 40 kg bis 1 dz	**60**
von mehr als 1 dz bis 2 dz	**38**
von mehr als 2 dz bis 5 dz	**25**
bei einem Reingewichte der Maschine — von mehr als 5 dz bis 10 dz	**18**
von mehr als 10 dz bis 25 dz	**13**
von mehr als 25 dz bis 50 dz	**10**
von mehr als 50 dz bis 500 dz	**7**
von mehr als 500 dz bis 1000 dz	**5,50**
von mehr als 1000 dz	**3,50**

Verbrennungsmotoren und Explosionsmotoren, für Motorfahrräder, bei einem Reingewichte der Maschine von 40 kg oder darunter . . . . — 75

Dampfmaschinen, Dampfturbinen, Wasserturbinen; Verbrennungs- und Explosionsmotoren; Kraft- (Antriebs-) Maschinen (mit Ausnahme der Elektromotoren) in Verbindung mit Pumpen (einschließlich der Wasserhaltungsmaschinen) oder mit Kältemaschinen; Krane:

bei einem — von mehr als 5 dz bis 10 dz	*11*
Reingewichte — von mehr als 10 dz bis 25 dz	*7,50*
der Maschine — von mehr als 25 dz bis 50 dz	*6*
von mehr als 50 dz bis 500 dz	*5*
von mehr als 500 dz bis 1000 dz	*4,50*

Wassersäulenmaschinen:

bei einem — von mehr als 10 dz bis 25 dz	*8*
Reingewichte — von mehr als 25 dz bis 50 dz	*6,50*
der Maschine — von mehr als 50 dz bis 500 dz	*5,50*
von mehr als 500 dz bis 1000 dz	*5*

Dampfmaschinen in Verbindung mit Hämmern, Gebläsemaschinen (einschließlich der Ventilationsmaschinen) oder mit Fördermaschinen:

bei einem Reingewichte — von mehr als 50 dz bis 500 dz	*5*
der Maschine — von mehr als 500 dz bis 1000 dz	*4,50*

andere hierher gehörige Maschinen:

bei einem — von mehr als 10 dz bis 25 dz	*10*
Reingewichte — von mehr als 25 dz bis 50 dz	*8*
der Maschine — von mehr als 50 dz bis 500 dz	*6*
von mehr als 500 dz bis 1000 dz	*5*

Anmerkung. Dampfmaschinen zur Verwendung beim Schiffbau werden vertragsmäßig einschließlich der zugehörigen Schaufelräder und Schiffsschrauben zollfrei zugelassen.

---

1) Bei der Einfuhr von Maschinen aus den Vereinigten Staaten nach Deutschland kommen die allgemeinen (nicht *Vertrag-*) Zollsätze zur Anwendung; eine Ausnahme bilden nach dem Handelabkommen zwischen beiden Ländern, vom 22. April 1907, das zunächst bis zum 30. Juni 1908 und bei Unterlassung der Kündigung auch weiter in Wirksamkeit bleibt, Maschinen der vorgenannten Tarif-Nr. 894, auf welche die bei dieser Nummer angegebenen *Vertragsätze* ebenfalls Anwendung finden; gleiches trifft für Sprechmaschinen (Phonographen) einschließlich der mit ihnen in Verbindung stehenden elektrischen Maschinen, Tarif-Nr. 891, zu.

Zollsatz
in ℳ
für 100 kg

895 Nähmaschinen (einschließlich der Kurbelstickmaschinen) und Strickmaschinen, für
den Handbetrieb, ohne Gestell; Köpfe (Oberteile) von Nähmaschinen (einschließlich der Kurbelstickmaschinen) und von Strickmaschinen, auch Teile davon (ausgenommen Nadeln) **35**

    *Strickmaschinen für den Handbetrieb, ohne Gestell; Köpfe (Oberteile) von Strick-
maschinen, auch Teile davon (ausgenommen Nadeln)* *12*

896 Nähmaschinen (einschließlich der Kurbelstickmaschinen) und Strickmaschinen, in
fester Verbindung mit Gestellen oder für motorischen Betrieb **20**

    Strickmaschinen in fester Verbindung mit Gestellen oder für motorischen Betrieb *8*

897 Gestelle von Nähmaschinen (einschließlich der Kurbelstickmaschinen) und von Strickmaschinen, sowie Teile von solchen Gestellen, einschließlich der dazu gehörigen
Tischplatten oder Tische **5**

898 Maschinen und Maschinenteile in fester Verbindung mit Kratzenbeschlägen . . . **20**

    bei einem Reingewichte des Gegenstandes von 2 dz oder darüber *18*

899 Andere Maschinen für die Vorbereitung der Verarbeitung von Spinnstoffen; Maschinen
für die Spinnerei und Zwirnerei einschließlich der das Haspeln, Spulen und Wickeln
der Gespinste bewirkenden Maschinen, sowie Maschinen zur Vorbereitung der
Gespinste für die Weberei **6**
                                                                     4

    *Anmerkung. Hierunter fallen Kettenschlichtmaschinen, auch mit den zu-
gehörigen Walzen aus Kupfer oder Kupferlegierungen, desgl. Maschinen zum Kar-
dieren von Spinnstoffen ohne feste Verbindung mit Kratzenbeschlägen.*

900 Webstühle **5**
                                                                     4

    *Anmerkung. Gesondert eingehende Schaft- und Jacquardvorrichtungen für
Webstühle werden vertragsmäßig wie die letzteren verzollt.*

901 Gardinen-, Spitzen- und Tüllmaschinen; Wirkmaschinen; Stickmaschinen (ausgenommen Kurbelstickmaschinen) **10**

    Stickmaschinen (ausgenommen Kurbelstickmaschinen) *8*

902 Zurichte- (Appretur-) Maschinen (Maschinen für die Veredelung von Gespinsten
und Gespinstwaren), soweit sie nicht unter Nr. 874[1]) fallen; Maschinen für Wäscherei
und chemische Reinigung **6**

    *Maschinen zur Zurichtung von Gespinsten und Gespinstwaren aus Wolle oder
anderen Tierhaaren, soweit sie nicht unter Nr. 874 fallen* *4,50*

903 Feuerspritzen aller Art; Pumpen für Menschen- oder Tierbetrieb **7**

904 Maschinen zur Bearbeitung von Metallen, Hölzern oder Steinen; Dampf- und hydraulische Schmiedepressen; Nietmaschinen und mechanische Hämmer (Fall-, Luft-
druck-, Federhämmer und sonstige durch Kraftübertragung betriebene Hämmer):

		Zollsatz
	von 2,5 dz oder darunter	**20**
		12
	von mehr als 2,5 dz bis 10 dz	**12**
bei einem Reingewichte		*8*
der Maschine	von mehr als 10 dz bis 30 dz	**8**
		6
	von mehr als 30 dz bis 100 dz	**6**
		5
	von mehr als 100 dz	**4**

905 Pflüge für Kraftbetrieb, auch mit zugehörigen Kraftmaschinen; Mähmaschinen . . **4**

906 Andere nicht besonders genannte Maschinen:

		Zollsatz
	von 40 kg oder darunter	**15**
	von mehr als 40 kg bis 1 dz	**12**
	von mehr als 1 dz bis 2 dz	**10**
bei einem Reingewichte	von mehr als 2 dz bis 4 dz	**9**
der Maschine	von mehr als 4 dz bis 10 dz	**7**
	von mehr als 50 dz bis 100 dz	**4,50**
	von mehr als 100 dz	**3**
	von mehr als 10 dz bis 50 dz	**5,50**

---

[1]) Nr. 874 betrifft Walzen zur Zurichtung (Appretur) von Gespinstwaren oder zum Druck, einschließlich der mit ihnen in
fester Verbindung stehenden Maschinen und Maschinenteile, — Zollsatz 18 ℳ — sowie Druckplatten aus Kupfer und Kupferlegierungen — Zollsatz 30 ℳ.

Zollsatz
in ℳ
für 100 kg

Müllereimaschinen:

bei einem Reingewichte	*von mehr als 4 dz bis 40 dz*	*5*
der Maschine	*von mehr als 40 dz bis 100 dz*	*4*

Pumpen, einschließlich der Wasserhaltungsmaschinen:

	von mehr als 1 dz bis 2 dz.	*7*
bei einem Reingewichte	*von mehr als 2 dz bis 4 dz.*	*6*
der Maschine	*von mehr als 4 dz bis 40 dz*	*5*
	von mehr als 40 dz bis 100 dz	*4*

Teigwarenmaschinen, Materialprüfungsmaschinen:

bei einem Reingewichte der Maschine von mehr als 10 dz bis 50 dz	*5*

Gebläsemaschinen (einschl. der Ventilationsmaschinen); Maschinen für Sortierung, Waschen oder Zerkleinerung von Kohlen und Erzen; Maschinen zum Formen von Preßkohlen; Mörtelzerkleinerungsmaschinen; Hebemaschinen (einschließlich der Fördermaschinen); Kältemaschinen; Maschinen zum Polieren von Spiegelglas; Maschinen zur Herstellung und Bearbeitung von Hutstumpen aus Haarfilz:

	von mehr als 1 dz bis 2 dz.	*7*
bei einem Reingewichte	*von mehr als 2 dz bis 4 dz.*	*6*
der Maschine	*von mehr als 4 dz bis 10 dz*	*5,50*
	von mehr als 10 dz bis 50 dz.	*5*

Milchentrahmungsmaschinen aller Systeme (Milchzentrifugen, Separatoren, Radiatoren usw.):

bei einem Reingewichte	*von 1 dz oder darunter*	*10*
der Maschine	*von mehr als 1 dz bis 2 dz.*	*9*
	von mehr als 2 dz bis 4 dz.	*8*

A n m e r k u n g zu Nr. 892 bis 906. Bei der Verzollung von Maschinen der Nr. 892 bis 906 bleibt, falls sie in zerlegtem Zustand eingehen, vertragsmäßig nicht nur das Fehlen von Nebenbestandteilen, sondern auch das Fehlen von einzelnen Hauptbestandteilen (wie Schwungräder, Achsen, Lager, Grundplatten oder dgl.) außer Betracht. Ist der Zoll nach dem Stückgewichte gestaffelt, so wird die Maschine ohne Rücksicht auf die fehlenden Teile in die dem wirklich eingeführten Gesamtgewicht entsprechende Zollstaffel eingereiht.

Es macht keinen Unterschied, ob die zusammengehörigen Teile gleichzeitig oder ob sie nach und nach in Teilsendungen eingehen, oder ob die Teile in einem oder mehreren Wagen verladen sind. Das Fehlen von Nebenbestandteilen oder auch von einzelnen Hauptbestandteilen (wie Schwungräder, Achsen, Lager, Grundplatten oder dgl.) bleibt außer Betracht.

Alle Teilsendungen sind innerhalb einer bestimmten Frist, die bei der Vorführung der ersten Sendung anzugeben ist und sechs Monate nicht übersteigen darf, bei der gleichen Zollstelle zur Verzollung zu bringen.

Mit der Eingangsdeklaration für eine zerlegte Gesamtsendung oder für eine erste Teilsendung ist dem Zollamt gleichzeitig ein Plan oder eine Abbildung des Ganzen, sowie eine Liste der Hauptbestandteile mit Angabe der Beschaffenheit und des Einzelgewichtes vorzulegen. Ebenso ist das ungefähre Gesamtgewicht der Nebenbestandteile anzugeben.

Ist nach dem Eingange einer oder mehrerer Teilsendungen der Rest innerhalb der festgesetzten Frist nicht zur Zollabfertigung gestellt worden, so erfolgt die Verzollung der bereits eingeführten Bestandteile nach den für diese geltenden Zollsätzen oder, soweit besondere Zollsätze im Tarif nicht vorgesehen sind, nach der Beschaffenheit des Stoffes.

Der Zollstelle bleibt vorbehalten, bis zu der Schlußabfertigung aller Teilsendungen die Sicherstellung der höheren Zollbeträge zu verlangen und die eingeführten Teile mit Identitätszeichen zu versehen. Auch ist sie berechtigt, nach Zusammensetzung des Gegenstandes sich von der Zugehörigkeit aller Teilsendungen zum Ganzen zu überzeugen.

Ersatz- und Reserveteile werden stets für sich verzollt.

Zolltechnische u. a. Bestimmungen allgemeiner Art.

Die Gewichtzölle werden vom R o h g e w i c h t erhoben:
    a) wenn der Tarif dies ausdrücklich vorschreibt,
    b) bei Waren, für die der Zoll 6 ℳ für den dz nicht übersteigt.
Im übrigen wird den Gewichtzöllen das R e i n g e w i c h t zugrunde gelegt.

Der Zoll für Waren, für die der Grundzollsatz 6 ℳ oder weniger für 100 kg beträgt, ist auch dann vom Rohgewichte der Ware zu erheben, wenn der Zollsatz infolge eines Zuschlags den angegebenen Betrag übersteigt.

Bei der zollamtlichen Abfertigung einer Ware, die je nach ihrem Herstellungsland einer unterschiedlichen Zollbehandlung unterliegt, ist von dem Einbringer zu erklären und auf Erfordern nachzuweisen, in welchem Lande die Ware hergestellt worden ist. Die näheren Bestimmungen über den Inhalt und die Form der Erklärung und über die Einbringung des Nachweises erläßt der Bundesrat.

Kommt der Einbringer seinen vorstehend festgesetzten Verpflichtungen nicht nach, so tritt die für ihn ungünstigste Zollbehandlung ein, unbeschadet der etwa danebenen verwirkten Strafen oder sonstigen Rechtsnachteile.

Soweit der Vertragtarif den von einer Ware zu erhebenden Zoll von dem für eine andere Ware festgesetzten Zoll abhängig macht und bei diesem mehrere Zollsätze, seien es allgemeine oder vertragsmäßige (mehrere Sätze für die betreffende Tarifposition auf Grund des allgemeinen Tarifes oder auf Grund von Verträgen) in Frage kommen, wird bei der Berechnung des abhängigen Zolls von dem niedrigsten unter diesen verschiedenen Sätzen ausgegangen, der auf die Erzeugnisse des anderen vertragsschließenden Teils anwendbar ist.

Der Berechnung von Zollbeträgen nach Sätzen, die durch Zuschläge erhöht sind, werden, sofern die Grundzollsätze vertragsmäßig ermäßigt sind, die ermäßigten Sätze zugrunde gelegt.

Muster in Proben, die nur zum Gebrauch als solche geeignet sind, bleiben **zollfrei.**

Für die aus verschieden tarifierten Bestandteilen zusammengesetzten Waren bestimmt sich die Tarifstelle nach dem Stoffe desjenigen Bestandteiles, welcher ihr nach Aussehen und Verwendungszweck den vorherrschenden Charakter verleiht. In Zweifelsfällen tritt für zusammengesetzte Waren diejenige Tarifierung ein, durch welche die Verzollung nach dem höheren Zollsatze herbeigeführt wird.

Finnland.

Zolltarif in der Fassung vom 1. Juli 1907.

Zollsatz in Finn. Mark für 100 kg

221 Landwirtschaftliche und Meiereigeräte:

1. Geräte, Maschinen und Apparate, außer den besonders genannten, welche ausschließlich für die Landwirtschaft verwendbar sind, sowie Teile von solchen — **10,60**

Anmerkung. Mühlen, Sägen und Motore werden als Maschinen verzollt (Nr. 231).

2. Geräte, Maschinen und Apparate, die ausschließlich zur Meiereiwirtschaft verwendbar sind, sowie Teile von solchen **11,80**

[Anmerkung. Hierher werden auch Milchtransportflaschen gerechnet.]

231 Maschinen, Motore, Apparate und Geräte außer den besonders genannten:

vollständige, wie Lokomotiven, Lokomobilen, Turbinen, Spinn-, Webe-, Holzbearbeitungs-, Papierzubereitungs-Maschinen, Mühlen- und Sägewerke, Feuerspritzen, Schmiedeblasebälge usw. sowie

Maschinenteile und Zubehör, wie Transmissionen oder Auswechselungen, Dampf- und Pumpzylinder, Rahmen und Bodenplatten, Radkränze, Achsen und Kurbelstangen (vefslängar), Ventile und Ventilatoren, Holländermesser, Zahnstangen und Friktionsscheiben, Leinen- und Hanfhecheln, Karden (außer Handkarden), Spindeln, kannelierte und polierte Zylinder, Preßwalzen, Federn, Bobbinen, Weberblätter, Weberschiffchen, Windspiele, gravierte Walzen und Platten, sowie andere Maschinenteile ähnlicher Art:

a) von Eisen oder Stahl mit darin enthaltenen Teilen sowohl von Kupfer und anderen unedlen Metallen oder Legierungen davon, als auch von Holz und anderem Material **14,70**

[Anmerkung 1. In Übereinstimmung hiermit werden auch Auswechselungsriemen und Schnüre, sowie Spritzenschläuche aller Art verzollt.]

Anmerkung 2. Lokomotiv- und Wagenräder aus schmiedbarem Eisen oder Stahl dürfen **zollfrei** eingeführt werden.

b) aus Kupfer oder anderen unedlen Metallen, auch wenn Eisen oder Stahl zu einem weniger wesentlichen Teile darin enthalten sind **58,80**

230 Größere Blechwaren wie: Dampfkessel, Zisternen, Kühlschiffe, Schornsteine, Brücken und Brückenteile usw., wenn sie nicht zu einer mitfolgenden Maschine gehören . **11,80**

Zolltarifentscheidungen.

Maschinenpackung aus Baumwollen- oder Leinengewebe in Verbindung mit Kautschuk soll nach Nr. 187 (2) des geltenden Tarifs einem Zolle von **105,90** Finn. Mark für 100 kg, dagegen solche aus Asbestgewebe mit Messing-, Gummi- oder Bleieinlage entsprechend einer durch die Bekanntmachung der Finanzexpedition vom 20. August 1887 erfolgten Anordnung einem Zoll von **12** Finn. Mark für 100 kg unterworfen sein.

Zolltechnische u. a. Bestimmungen allgemeiner Art.

Münzen: 1 Finnische Mark = 100 Penni = 0,81 ℳ.

Maße und Gewichte: Metrische; 1 Zentner = 42,501 kg; 1 Tonne = 4 Zentner = 170,028 kg.

Deutschland genießt die Meistbegünstigung.

Für Waren, welche unvollständig oder getrennt eingehen, wird der Zoll ebenso berechnet und erhoben wie für richtige und vollständige Waren.

Der G e w i c h t z o l l wird, soweit nicht im Tarif ausdrücklich eine Verzollung nach dem Rohgewichte vorgeschrieben ist, unter Abrechnung der gesetzmäßigen Tara vom Rohgewicht, oder, soweit eine Tara nicht festgesetzt ist, nach Feststellung des Reingewichts durch Verwiegung nach dem letzteren berechnet[1]).

Eine Ware, bei der im Tarif auf eine andere Tarifnummer verwiesen ist, wird nach dem Satze verzollt, der bei der letzteren aufgeführt ist; wird jedoch eine Ware eingeführt, für die weder ein solcher Hinweis gegeben, noch ein besonderer Tarifsatz festgestellt ist, so kann die Zollkammer nach erfolgter Besichtigung und Abschätzung deswegen bei der General-Zolldirektion anfragen, die nach Vergleichung der Benennung und Beschaffenheit der Ware mit anderen in den Tarif aufgenommenen gleichartigen Waren ermächtigt ist, wegen Verzollung der eingeführten Waren Anordnung zu treffen oder auch je nach den Umständen höheren Ortes deshalb anzufragen. Der Wareneigentümer muß innerhalb dreißig Tage nach dem rechtskräftig gewordenen Beschlusse der Generalzolldirektion oder, wenn der Beschluß der Prüfung Seiner Kaiserlichen Majestät unterbreitet worden, nachdem die in der Sache ergangene Verordnung dem Wareneigentümer oder seinem Bevollmächtigten behändigt ist, bei der Zollkammer am Löschungsorte denjenigen Zollbetrag entrichten, der danach auf die Ware entfällt. Wird die Ware nicht innerhalb der ebengedachten Zeit verzollt, so wird das Anrecht daran oder auch das Recht zur Wiederausfuhr der Ware acht Monate nach der Zeit, wo die Verzollung erfolgen sollte, dem Eigentümer offen gehalten, unter der Bedingung jedoch, daß der tarifmäßige Zoll im ersteren Falle um 50 vH. erhöht wird. Ist jedoch die Ware auch innerhalb der letztgedachten Zeit nicht verzollt oder ihre Wiederausfuhr nicht erfolgt, so fällt sie der Krone anheim und wird auf Verfügung der Zollkammer für Rechnung der Krone verkauft.

Frankreich.

Zolltarif vom 11. Januar 1892 (mit späteren Abänderungen).

	Zollsatz in Francs für 100 kg	
	Allgemeiner Tarif	Mindest-Tarif
510 Dampfmaschinen, feststehend, und Schiffsmaschinen, immer von den Kesseln getrennt; Dampfpumpen, Thermo-Maschinen (machines thermiques) für den Betrieb mit Gas, Petroleum, heißer oder Preß-Luft[2]), im Gewicht von:		
250 kg und darüber	18	12
weniger als 250 kg	30	20
511 Dampfmaschinen, halbfeststehend oder Lokomobilen, einschließlich der Kessel[2])	17	13
512 Dampflokomotiven; Straßendampfmaschinen[2]):		
für gewöhnliche Spur	20	15
für Schmalspur	24	18
512 bis Hydraulische Rad-, Kolben- und Turbinenmaschinen; Pumpen, Ventilatoren im Gewicht von:		
mehr als 3000 kg, enthaltend:		
mindestens 50 vH. Guß	25	8
weniger als 50 vH. Guß	25	10
250 bis 3000 kg	25	10
weniger als 250 kg	50	15
[513 Tender für Lokomotiven:		
für gewöhnliche Spur	15	10
für Schmalspur	18	12]
M a s c h i n e n :		
514 zum Setzen von Kratzen-Blättern und -Bändern	15	10
515 Kratzen ohne Beschlag	18	12
516 Maschinen zum Reinigen, Öffnen und Vorbereiten von Flachs, Wolle, Baumwolle und anderen Spinnstoffen	18	12
517 Water-Spinn- oder Water-Zwirnmaschinen, vollständig	18	12

---

1) A u ß e r d e m f e s t g e s e t z t e n Z o l l e wird von eingehenden zollpflichtigen Waren noch eine sogenannte S e e f a h r t a b g a b e mit 3 vH. des festgesetzten Zolles erhoben. Nur von Tabak, sowohl ausländischem wie russischem, wird keine Seefahrtabgabe erhoben.

2) Für die unter Nr. 510 bis 512 bis aufgeführten Maschinen hat der Einführer eine Anmeldung zu übergeben, in welcher Bezeichnung, Gewicht und Beschaffenheit der Maschinenbestandteile angegeben sind, ferner einen Plan oder eine Zeichnung der Maschine. Unvollständige Maschinen werden wie die einzelnen Teile verzollt. Maschinen ohne Schwungrad werden nicht als unvollständige angesehen. Das Schwungrad wird je nach seiner Beschaffenheit als geformter oder bearbeiteter Guß verzollt.

<table>
<tr><td></td><td></td><td colspan="2">Zollsatz
in Francs
für 100 kg</td></tr>
<tr><td></td><td></td><td>Allgemeiner</td><td>Mindest-
Tarif</td></tr>
</table>

		Allgemeiner	Mindest-Tarif
517 bis	andere Spinnmaschinen, Mulemaschinen usw.	15	9
518	Webstühle für Seide und Baumwolle	40	8
	Webstühle, andere	40	8
519	Stühle für Strumpfwirkerei (à tricots et à bonneterie)	40	27
519 bis	Stühle für Tüll, Spitzen und Gipüre	10	5
520	Maschinen für Papierfabrikation	15	8
521	» » Druckerei	8	6
522	» » landwirtschaftliche Zwecke (Motoren nicht einbegriffen[1])	15	9
523	Nähmaschinen:		
	Gestelle und Übertragungen (Transmissionen)	10	8
	Maschinenköpfe	50	35
525	Werkzeugmaschinen:		
	große, von mehr als 1000 kg Gewicht	15	10
	mittlere, von 250 bis 1000 kg Gewicht	20	16
	kleine und Präzisionsmaschinen, von weniger als 250 kg	70	50
525 bis	Mechanische Vorrichtungen überhaupt:		
	Müllereimaschinen; Holländermühlen; Maschinen zur Herstellung von Teigwaren; Hebeapparate	15	10
	Transmissionen; [Wagen (balances); Brückenwagen (bascules); stehendes Eisenbahnmaterial; Signale; Pressen]; nicht genannte Apparate, die durch eine mechanische Kraft in Tätigkeit gesetzt werden	15	10

Dampfkessel:

		Allgemeiner	Mindest-Tarif
526	aus Eisen- oder Stahlblech, einfache oder mit Siedern, Vorwärmern, inneren Herden, ohne Röhren[1])	12	9
526 bis	aus Eisen- oder Stahlblech, Röhren- oder Halbröhrenkessel, d. h. solche mit Röhren aus Eisen, Stahl, Kupfer oder Messing[1])	18	14
526 ter	Teile von Kesseln mit vielen Röhren, bestehend in überwiegendem Maße aus Eisen- oder Stahlröhren, verbunden oder nicht	24	18
526 quater	Offene Kessel; Gasometer; Rezipienten; [Öfen und Kaloriferen aus Eisen- oder Stahlblech oder aus Gußeisen und Eisen- oder Stahlblech]	12	8
527	Apparate für Zuckerfabrikation; Heizapparate für Brauereien, Brennereien, Parfümerien, Apotheken, Küchen, wenn Kupfer oder Bronze dem Gewichte nach vorherrschen, im Gewichte von:		
	250 kg und darüber	30	20
	weniger als 250 kg	50	40
527 bis	Maschinen und Apparate zur Kälteerzeugung im Gewichte von:		
	500 kg und darüber	30	12
	250 kg einschließlich bis 500 kg ausschließlich	30	14
	weniger als 250 kg	50	25

Maschinenteile und Vorrichtungen:

		Allgemeiner	Mindest-Tarif
528	Kratzen-Blätter und -Bänder aus Leder, besetzt mit Eisen- oder Stahlspitzen von wenigstens 1 mm Durchmesser an der Basis	70	50
529	Kratzen-Blätter und -Bänder aus Eisen- oder Stahldraht, auf Gewebe mit oder ohne Kautschuk gesetzt, ausgefüttert (bourrés) oder nicht. Kratzen-Blätter und -Bänder aus Leder, besetzt mit Eisen- oder Stahlspitzen von wenigstens 1 mm Durchmesser an der Basis	200	150
530	Weberblätterzähne aus Schmiedeisen oder Kupfer	45	30
531	Weberblätter, Beschläge und Weberkämme, aus Schmiedeisen oder Kupfer	45	30
	Einzelne Teile aus Gußeisen, Schmiedeisen und Stahl, mit Ausnahme der Teile von Dampfkesseln:		
532	aus Gußeisen, gedreht, gefeilt oder adjustiert, im Gewicht von:		
	1000 kg und mehr	18	12

---

[1] Die Dienst- oder Sicherheitsapparate werden nicht getrennt von den Kesseln, mit welchen sie verbunden sind, und werden wie diese verzollt. Die Gußteile von Herden werden getrennt verzollt zu dem Satze der Nr. 553.

	Zollsatz in Francs für 100 kg	
	Allgemeiner Tarif	Mindest-Tarif
200 bis 1000 kg	20	15
weniger als 200 kg	25	20

533 aus geschmiedetem Eisen oder geschmiedetem oder Gußstahl, welche eine Bohrungs- oder Drehungs-, Feil- oder Adjustierungsarbeit erfahren haben, im Gewichte von:

300 kg und mehr	20	12
100 bis 300 kg	25	15
weniger als 100 kg und mehr als 1 kg	40	25
1 kg oder weniger	50	35

535 Einzelne Teile, roh oder bearbeitet, aus reinem oder mit irgend einem anderen Metall legiertem Kupfer, in Form gegossen (Zapfenlager, Hähne usw.) im Gewichte von:

10 kg und mehr: roh	25	15
bearbeitet	30	25
unter 10 kg: roh	20	15
bearbeitet	50	40

535 bis) Einzelne Teile, aus zwei oder mehreren Metallen wie Guß-, Schmiedeisen, Stahl, Kupfer, rein oder mit irgendwelchem Metall legiert (Hähne, Zapfenlager usw.), im Gewichte von:

300 kg und mehr	20	15
50 bis 300 kg	30	20
weniger als 50 kg	40	30

505 Zählwerke für Elektrizität, Wasser, Gas, Gespinste und überhaupt alle Zählwerke und Vorrichtungen mit Uhrwerk . . . . 100 | 75

Zolltechnische u. a. Bestimmungen allgemeiner Art.

Münzen: 1 Franc = 100 Centimes = 0,81 ℳ.
Maße und Gewichte: Metrische.

Deutschland genießt die Meistbegünstigung.

Waren, die mit einem Zollsatze von mehr als 10 Francs für 100 kg Zoll belegt sind, unterliegen der Verzollung nach dem Reingewichte, sofern nicht der Tarif Verzollung nach dem Rohgewicht ausdrücklich vorschreibt; für die übrigen Waren erfolgt Verzollung nach dem Rohgewichte.

Griechenland.

Zolltarifausgabe vom Jahre 1904.

	Zollsatz in Drachmen für 100 kg

Waren, die weder dem Buchstaben noch dem Sinne des Tarifes nach unter die Einteilungen desselben gebracht werden können, unterliegen einem Wertzolle von 20 vH.

252 a) Saug- und Druckpumpen, Feuerspritzen aus jedwedem Metall, landwirtschaftliche und gewerbliche Maschinen und Zubehör derselben . . . . . . **frei**

252 b) Motore, Dampfkessel jeder Art; Maschinenteile, Bewässerungsmaschinen und verschiedene andere Maschinen außer den besonders aufgeführten . . . . . **frei**

253 Selbsttätige Bratspieße, Fleischhack- und sonstige Maschinen für den häuslichen Gebrauch, z. B. zum Schneiden der Früchte **100**

254 b) Bewässerungsmaschinen für Straßen und Klosetts **40**

255 a) Nähmaschinen . . . . . Stück **25** / *frei*

b) sonstige Maschinen für die Hausindustrie . . . . . Stück **20** / *frei*

256 Apparate für Schwammfischer und Taucher . . . . . **frei**

363 Luftpumpen amerikanischer Erfindung, galvanoplastische Maschinen . . . . . **frei**
Schießmechanismen . . . . . für 1 Oka **10**
Kupferne Röhren als Maschinenteile und Verbindungsteile für Maschinen aus Bronze **frei**

Zolltechnische u. a. Bestimmungen allgemeiner Art.

M ü n z e n: 1 Drachme = 100 Lepta = 0,81 ℳ.
M a ß e: 1 Piki = 10 Palamas = 1 m.
G e w i c h t e: 1 Kantar = 44 Oka = 56,320 kg; 1 Oka = 400 Drami = 1,280 kg.

Deutschland genießt die Meistbegünstigung.

Die Eingangzölle werden im allgemeinen in Papiergeld erhoben. Hierbei wird ein Umrechnungskurs von 1,45 Drachmen Papier für 1 Franc Gold zugrunde gelegt.

Für Waren und Erzeugnisse, welche in den Handelsverträgen mit fremden Staaten aufgeführt sind, erfolgt die Zollerhebung in Gold, jedoch wird auch die Zahlung dieser Zölle in Papiergeld nach dem eben erwähnten Umrechnungskurse gestattet.

Die G e w i c h t v e r z o l l u n g geschieht in der Hauptsache nach dem gesetzlichen, d. h. nach dem bei Abzug der tarifmäßigen Tara sich ergebenden Gewicht, auf Antrag indessen auch nach dem wirklichen Reingewichte.

Die aus verschiedenen Materialien oder Stoffen zusammengesetzten Waren, für die ein besonderer Zoll in dem Tarif nicht angesetzt ist, unterliegen dem Zolle für das vorherrschende Material. Es ist jedoch für solche Waren der Zoll zu zahlen, dem das am höchsten belegte Material unterliegt, wenn die Zusammensetzung eine Werterhöhung der Ware um mehr als 30 vH. zuläßt.

Großbritannien.

Sämtliche hierher gehörigen Waren sind **zollfrei**.

Italien.

Zolltarif vom 15. Juli 1906 (*mit den Vertragsätzen*).

	Zollsatz in Lire für 100 kg
238 Kessel für Maschinen:	
a) Röhrenkessel (multitubulari)	**14**
b) andere	**12**
239 Werkzeugmaschinen zur Bearbeitung von Holz und Metallen (Sägen, Hobel, Drehbänke, Schraubenkluppen, Bohrmaschinen usw.) [1]	**9**

---

[1] *Maschinen können zu den vertragsmäßigen Sätzen auch in zerlegtem Zustand unter den nachstehend aufgeführten Bedingungen eingeführt werden, gleichviel ob die Teile der Maschine gleichzeitig oder nach und nach in verschiedenen Sendungen eingehen, und ob sie in einem oder in mehreren Wagen verladen sind. ([Nur für Nr. 240.] Diese Bestimmung gilt auch für unvollständige, d. h. für solche Maschinen, denen einzelne Teile, die nötig sind, um sie in Gang zu setzen, oder Nebenbestandteile fehlen.)*

Alle Teilsendungen von Maschinenteilen sind innerhalb einer bestimmten Frist, die von dem Einbringer bei Vorführung der ersten Sendung anzugeben ist und zwei ([nur für Nr. 240] sechs) Monate nicht übersteigen darf, bei der gleichen Zollstelle zur Verzollung zu bringen.

Bei Einführung einer Maschine in zerlegtem Zustande oder einzelner Teile der Maschine hat der Einbringer gleichzeitig mit der Zollerklärung Pläne und Zeichnungen der vollständigen Maschine sowie eine Liste der Hauptbestandteile nach Beschaffenheit, Nummer und Einzelgewicht und die ungefähre Angabe des Gesamtgewichts der kleinen Nebenbestandteile vorzulegen.

Falls nach der Abfertigung von einzelnen Teilen der Maschine die anderen Teile nicht innerhalb der festgesetzten Frist eingeführt worden sind, hat die Verzollung der bereits eingebrachten Teile nach den Zollsätzen für getrennt eingehende Maschinenteile oder aber, soweit der Tarif besondere Zollsätze für diese nicht vorsieht, nach der Beschaffenheit des Stoffes zu erfolgen, aus dem die einzelnen Teile bestehen. (Das Fehlen einzelner unwesentlicher Nebenbestandteile soll jedoch nicht die Anwendung des für die vollständige Maschine geltenden Zollsatzes ausschließen.)

Bis zur Schlußabfertigung aller Teilsendungen bleibt der Zollbehörde vorbehalten, die Sicherstellung der gegebenenfalls zu entrichtenden höheren Zollbeträge zu verlangen und die in Teilsendungen eingeführten Stücke mit Identitätszeichen zu versehen; ferner ist sie befugt, durch eine nach Zusammenstellung der Maschine auf Kosten des Zollpflichtigen vorzunehmende Revision sich von der Zugehörigkeit aller Teilsendungen zu dieser Maschine zu überzeugen.

Ersatz- und Reserveteile werden stets für sich verzollt.

([Nur für 240.] Für die Entrichtung der Einfuhrzölle wird in bezug auf die Materialien, aus denen die Maschinen bestehen, keine Unterscheidung gemacht.

Die Maschinen und Maschinenteile können poliert, angestrichen, gefirnißt oder in anderer Weise bearbeitet sein, ohne daß ihre Zollklassifikation infolge dieser besonderen Bearbeitung eine Änderung erfahren würde.)

Zollsatz
in Lire
für 100 kg

240 Maschinen [1]) [2]):

    a) Dampfmaschinen:
        1. feststehend, ohne Kessel **12**
        2. halbfest (Kessel inbegriffen).; Heißluft-, Druckluft-, Gas-, Petroleum-Motoren
        und Rotationskörper **12**
    b) hydraulische Maschinen sowie Wasser- und Windmotoren **10**

> Zu den hydraulischen Maschinen werden gerechnet: Turbinen, Wasserräder, Pulsometer, Pumpen und Hebemaschinen, Pressen, Akkumulatoren, Aufzüge, hydraulische Fahrstühle usw.
>
> *Der Zoll für hydraulische Maschinen findet Anwendung auf Turbinen, Wasserräder, Pulsometer, Pumpen und Hebemaschinen, Pressen, Akkumulatoren, Aufzüge, hydraulische Fahrstühle usw.*
>
> *Als integrierende Bestandteile von Turbinen sind anzusehen und demgemäß zu behandeln: der Turbinenkessel (Umhüllung oder Mantel) mit der Verbindungsröhre zwischen dem Kessel und der Vorrichtung zur Zuleitung des Wassers, diese Röhre mit oder ohne Drosselventil; das eiserne Turbinengebälk; der Fallenmechanismus und der Rechen, entsprechend der dem Vertrage mit der Schweiz vom Jahre 1892 beigefügten Zeichnung. Dieses Zugeständnis wird unter der Bedingung gemacht, daß die genannten Bestandteile der Turbine gleichzeitig mit der Turbine selbst eingeführt, oder daß die in der allgemeinen Anmerkung über die Maschinen der Nr. 240a bis l festgesetzten Bestimmungen innegehalten werden.*

    c) Lokomotiven (mit Ausschluß des Tenders) **14**
    d) Lokomobilen **12**
    e) Schiffsmaschinen **12**
    f) Landwirtschaftliche Maschinen jeder Art **9**
        Heuwender und Mähmaschinen *4*
    g) Spinnereimaschinen **10**
6

> *Der für die Spinnereimaschinen festgesetzte Vertragzoll findet auf alle Maschinen Anwendung, die nach der Note zwischen Italien und der Schweiz zur Position »Macchine per la filatura« des bei der Unterzeichnung des zwischen diesen Staaten geschlossenen Vertrages in Kraft bestehenden Repertoriums in die Nr. 240g des Generaltarifes fallen.*

    h) Maschinen und Stühle für Weberei **10**
6

> *Der für die Webereimaschinen festgesetzte Vertragzoll findet auf alle Maschinen (mit Ausnahme der Wirkstühle) Anwendung, die nach der gleichen Note zur Position »Macchine per la tessitura« des bei der Unterzeichnung des Vertrages in Kraft bestehenden Repertoriums in die Nr. 240h des Generaltarifes fallen.*
>
> *Wirkstühle* *7*

    j) Nähmaschinen:
        1. mit Gestell **25**
        2. ohne Gestell **30**
25

        Strickmaschinen, für Handbetrieb oder für motorischen Betrieb, mit oder ohne Gestell   *8*

    l) nicht besonders genannte Maschinen **10**
        Maschinen und Apparate zur Fabrikation des Papiers und des Papierstoffes . .   *6*
        Der Vertragzoll dieser Tarifnummer findet auch Anwendung auf Stäuber (blutoirs), Haderndrescher (loups ou batteurs de chiffons), Hadernschneider, Hadernkocher (nicht inbegriffen die Kessel zum Kochen des chemischen Stoffes), Holländer, Roll-

---

[1]) *Siehe Anmerkung* [1]) *zu Nr. 239.*

[2]) *Maschinen aller Art, die durch dynamo-elektrische Maschinen getrieben werden, und die mit diesen nicht konstruktiv verbunden sind, unterliegen unabhängig von der dynamo-elektrischen Maschine den für sie geltenden Vertragszöllen.*

Die in diesem Vertrage genannten Maschinen, die von dynamo-elektrischen Maschinen getrieben werden und mit diesen konstruktiv verbunden sind, unterliegen folgenden Zöllen:
    1. wenn sie mehr als 1000 kg wiegen, für je 100 kg 13 Lire;
    2. wenn sie 1000 kg oder weniger wiegen, für je 100 kg 19 Lire.

Um diese Zölle beanspruchen zu können, ist der Einbringer gehalten, durch ein von der Fabrik ausgestelltes Zeugnis den Nachweis zu leisten, daß der Motor im Gewichte der gesamten Maschine nicht überwiegt.

Der Einbringer ist berechtigt, nach dieser Nummer, d. h. zu 13 oder 19 Lire je nach den einzelnen Fällen, auch die Maschinen aller Art verzollen zu lassen, die durch dynamo-elektrische Maschinen getrieben werden und mit diesen nicht in konstruktiver Verbindung stehen, wenn er es vorzieht, die Antriebsmaschine bei der Einfuhr nicht von der angetriebenen Maschine zu trennen, vorausgesetzt, daß sich aus der Tarifierung der beiden einzelnen Teile nicht ein höherer Gesamtzoll ergibt.

Zollsatz
in Lire
für 100 kg

maschinen, Papierschneidemaschinen, Satinierwalzwerke, Anfeuchtmaschinen, Kalander, Leimmaschinen sowie die Holzschleifer (défibreurs), Stoffmühlen (raffineurs), Stoffsortiermaschinen und Stoffentwässerungsmaschinen (presses-pâte).

Maschinen für die Müllerei *6*

Jauchepumpen mit galvanisierten Röhren *4*

aus
241 Maschinenteile, getrennt eingehend:

    b) Bestandteile von Nähmaschinen **30**

    c) Bestandteile von anderen Maschinen **11**

Maschinenteile, getrennt eingehend:
von anderen Maschinen als dynamo-elektrischen Maschinen und Nähmaschinen, soweit es sich um Teile von Maschinen handelt, die im Vertrage mit dem Deutschen Reiche aufgeführt sind *11*

Teile der in dem Vertrage mit der Schweiz genannten Maschinen:
aus Gußeisen, Schmiedeeisen oder Stahl *10*

Zum Vertragzoll dieser Tarifnummer werden auch Kardendeckel ohne ammontierte Beschläge zugelassen. Das gleiche gilt für Jacquard- und Ratières-mechanismen, wenn sie einzeln eingeführt werden.

aus Aluminium *20*

Webervögel aus Leder für Webstühle *11*

Farbabstreicher (racles) aus Stahl oder aus Metallkomposition, für Maschinen zum Bedrucken der Gewebe, poliert oder unpoliert *7*

242 Apparate aus Kupfer oder anderen Materialien, zum Erwärmen, Raffinieren, Destillieren usw.. . . . . **20**
18

244 Kratzenbeschläge **75**
68

Die Kratzen werden als Spinnereimaschinen behandelt. Kratzen und Kratzenbeschläge sind getrennt nach den entsprechenden Sätzen zu verzollen, auch wenn sie verbunden zur Abfertigung gestellt werden.

Die Karden und die Kardengarnituren werden getrennt nach den betreffenden Vertragzollsätzen verzollt, auch wenn sie dem Zollamt vereinigt vorgeführt werden.

218b *Stahllitzen für die Weberei und Webgeschirre mit Stahllitzen, auch verzinnt oder vernickelt*   *17,25*

219 *Federn aus Stahl für Webstühle, auch verzinnt, verzinkt oder vernickelt* *14*

Werkzeugmaschinen zur Bearbeitung von Holz und Metallen sind je nach ihrer Bearbeitung nach den Zollsätzen der Tarif-Nr. 222[1]) zollpflichtig.

Werkzeugmaschinen zur Bearbeitung von Holz und Metallen, im Gewicht von mehr als 50 bis 300 kg *14*

auch mit polierten Teilen *14*

Zolltarifentscheidungen.

G a s e r z e u g e r mit zugehörigem, fest verbundenem Gasreiniger, mit einem Gasmotor zusammen eingehend, sind, auch wenn sie für letzteren bestimmt sind, getrennt davon zu behandeln, da sie einen selbständigen Apparat bilden, und sind nach den Bestimmungen des amtlichen Warenverzeichnisses mit dem Gasreiniger zusammen als Apparate aus Kupfer usw. zum Reinigen usw. nach Nr. 242 des Tarifs zu verzollen. (Entscheidung des Finanzministers vom 29. Dezember 1904.)

E i n e s e l b s t t ä t i g e V o r r i c h t u n g, System A. Hofmann & Co., z u m V e r s o r g e n v o n D a m p f k e s s e l f e u e r u n g e n m i t K o h l e n, stellt ihrer Bauart und Tätigkeit nach mehr einen Maschinenteil als einen Heizapparat dar und ist daher nach den Bestimmungen des amtlichen Warenverzeichnisses nach Nr. 241c des Tarifs zu verzollen. (Desgl. vom 18. Mai 1905.)

F a l l h ä m m e r zum Maschinenbetrieb, auseinander genommen, mit dem zugehörigen Sockel, der zugleich als Ambosstock dient, fest verbunden, sind vom amtlichen Warenverzeichnis den nicht genannten Maschinen zugewiesen und demgemäß nach Nr. 240l des Tarifs mit **10** Lire für 1 dz zu verzollen. Die nach dem amtlichen Warenverzeichnis verlangte gesonderte Verzollung des Ambosstockes hatte nicht einzutreten, da dieser im vorliegenden Falle zugleich als Sockel für den Fallhammer diente und mit letzterem fest verbunden war. (Desgl. vom 18. Mai 1905.)

M a s c h i n e n m i t H a n d b e t r i e b z u r B e s t i m m u n g d e r W i d e r s t a n d s f ä h i g k e i t v o n G e w e b e n u n d P a p i e r, im Gewicht von 175 kg, sind, da dergleichen Maschinen im Gewicht von weniger als 300 kg vom amtlichen Warenverzeichnisse nicht den Maschinen, sondern den Instrumenten zur Bestimmung des Widerstandes von Materialien zugewiesen und als solche wie wissenschaftliche Instrumente zu behandeln sind, wie optische usw. Instrumente und im vorliegenden Fall wie solche aus Eisen zu verzollen. Sie sind demgemäß nach Nr. 243b des Tarifs mit **30** Lire für 1 dz zollpflichtig. (Desgl. vom 3. Januar 1905.)

A u f z u g m i t H a n d b e t r i e b. Gegenstände, die erforderlich sind, um einen zur Beförderung von kleinen Paketen usw. von einem Stockwerk eines Hauses nach einem anderen bestimmten Aufzug mit Handbetrieb anzulegen, nämlich zwei Kästen aus Weißblech als Hauptbestandteile sowie

---

1) Verzollung als Gerätschaften und Werkzeuge je nach Beschaffenheit.

Leitschienen, Seile, Räder usw. als Zubehörteile, sind nach den Bestimmungen des amtlichen Warenverzeichnisses getrennt voneinander zu verzollen, und zwar unterliegen die Kästen aus Weißblech nach Nr. 221b 2 des Tarifs einem Zoll von **22** Lire für 1 dz und die Zubehörteile nach Nr. 218b 2 einem solchen von (*vertragmäßig*) *17,25* Lire für 1 dz. (Desgl. vom 6. Juni 1905.)

T e i l e   e i n e r   A n l a g e   z u r   A n f e r t i g u n g   v o n   e l e k t r i s c h e n   K a b e l n, bestehend aus zwei großen Behältern, die zum Imprägnieren von elektrischen Kabeln dienen, mit Dampfschlangenröhren, Thermometer, Vakuummesser, Wasserstandsmesser, Hähnen usw. versehen, ferner einem Trockenschranke für die bereits getränkten Kabel, der gleichfalls durch Wärme und in zweiter Linie durch Luft arbeitet, einer Luftpumpe, die die zum Austrocknen erforderliche Luftleere herstellt, und endlich einem Flächenkondensator, der zwischen dem Trockenschrank und der Luftpumpe aufgestellt ist, um die aus ersterem austretenden Dämpfe niederzuschlagen, bilden, wenn sie auch als Teile für dieselbe Anlage bestimmt sind, dennoch für sich allein selbständige Apparate und sind daher getrennt für sich zu verzollen, und zwar die beiden Behälter und der Trockenschrank nach Nr. 242 des Tarifs mit (*vertragmäßig*) *18* Lire für 1 dz und die Luftpumpe sowie der Flächenkondensator nach Nr. 240l ebenda mit **10** Lire für 1 dz. (Desgl. vom Juni 1905.)

Z w e i   L u f t p u m p e n   und drei   R o t a t i o n s -   o d e r   Z e n t r i f u g a l p u m p e n, die mit Maschinen zur Herstellung von Papier und von Holzstoff zur Papierbereitung eingehen, sind als Hilfsmaschinen getrennt von den Maschinen, zu denen sie gehören, zu behandeln, da letztere in vielen Fällen auch ohne die Pumpen arbeiten können; die Luftpumpen sind daher nach Nr. 240l des Tarifs mit **10** Lire für 1 dz, die Rotations- oder Zentrifugalpumpen nach Nr. 240b ebenda gleichfalls mit **10** Lire für 1 dz zu verzollen. (Desgl. wie vor.)

G e f ä ß e   a u s   S c h m i e d e i s e n   für Gießereien, zur Beförderung des geschmolzenen Metalles vom Ofen nach der Form, mit einem Zahnräderwerk an beiden Seiten, um das Neigen und Entleeren zu erleichtern, haben wegen des sehr einfachen Zahnräderwerks nicht die Eigenschaft wirklicher Maschinen erworben und sind, da sie an und für sich auch nicht die Kennzeichen von Maschinen besitzen, als Arbeiten aus Schmiedeisen nach Nr. 218 des Tarifs zu verzollen. (Desgl. vom 13. Juni 1905.)

T e i l e   e i n e r   G e f r i e r m a s c h i n e (Ober- und Unterteil nebst Rohrschlangen) sind nicht nach der Beschaffenheit des Materiales, aus dem sie bestehen, sondern als nicht genannte Maschinen nach Nr. 240l des Tarifs mit **10** Lire für 1 dz zu verzollen. (Desgl. vom 6. Dezember 1905.)

Zolltechnische u. a. Bestimmungen allgemeiner Art.

M ü n z e n: 1 Lira = 100. Centesimi = 0,81 ℳ.
M a ß e   u n d   G e w i c h t e: Metrische.
Deutschland genießt die Meistbegünstigung.

Die Eingangzölle sind in Metallgeld zu zahlen. Staats- und Bankbillettes werden für Zollzahlungen, mit Agioaufschlag, bis zu 100 Lire, Silberscheidemünzen nur in geringeren Beträgen als 5 Lire angenommen.

Die Einfuhrzölle werden, vorbehaltlich der im Tarif enthaltenen Ausnahmen, erhoben:

1. vom R o h g e w i c h t e für die nicht höher als mit 20 Lire für 100 kg tarifierten Waren;
2. vom g e s e t z l i c h e n   R e i n g e w i c h t e:
    [a) für Gespinste, die auf hölzerne Spulen gewickelt sind und einem höheren Zollsatz als 20 Lire für je 100 kg unterliegen;]
    b) für andere mit mehr als 20 bis 40 Lire für je 100 kg belegte Waren;
3. vom w i r k l i c h e n   R e i n g e w i c h t e für die nicht unter Ziffer 2 genannten Waren, die einem höheren Zollsatz als 40 Lire für je 100 kg unterliegen.

Muster ohne Wert sind von Ein- und Ausgangszöllen befreit.

Niederlande.

Zolltarifausgabe vom Jahre 1884.

N i c h t   b e s o n d e r s   a u f g e f ü h r t e   W a r e n sind **zollfrei**; wenn sie nicht nach ihrer Beschaffenheit und Bestimmung unter eine der im Tarif genannten Warengattungen begriffen werden können.

Kratzen aus Eisendraht . . . . **frei**
Landwirtschaftliche, Fabrik- und Dampfmaschinen . . . . **frei**

Zolltarifentscheidungen.

Als **zollfrei** im Sinne des Artikels 2 des Gesetzes vom 6. April 1877 werden in den Niederlanden folgende F a b r i k -   u n d   A c k e r b a u - M a s c h i n e n   u n d   - G e r ä t e angesehen: Blasebälge; Brecheisen; Fransenmaschinen, die mit der Hand bewegt werden; Hand-Buchdruckpressen; Handklemmschrauben; Hobelbänke; Lampen zum Löten und Erhitzen von Gerätschaften u. dgl.; Luftdruckhämmer; Luftdruckbohrer und Meißel für Fabriken; Nadeln für Nähmaschinen; Nähmaschinen usw.; Ölkannen; Pulverisatoren von ungefähr 15 l. Inhalt (kleinere mit 2 und 3 l. Inhalt sind zollpflichtig); Sägeblätter zum Sägen von Stahl und Eisen; Sägen und Messer für Maschinen zur Holzbearbeitung, besonders für Bandsägeblätter; Siederohrdichtmaschinen und Siederohrbürsten; Schleifsteine in Wasserbehältern; Schmiede-Stauchblöcke oder Loch- und Gesenkplatten; Schmieden (tragbare), sogen. Feldschmieden, Ambosse nicht einbegriffen; Schraubenschlüssel; Schraubenzwingen; Schraubstöcke; Strickmaschinen; Waschmaschinen; Winden.

Gemäß einer Entscheidung des niederländischen Finanzministers vom 14. Mai 1906, Nr. 71, sollen vom 1. Juni 1906 ab als Fabrikwerkzeuge bei der Einfuhr **zollfrei** gelassen werden:

a) die verschiedenen Arten von Motoren, mit Ausnahme der für Motorwagen und Fahrräder bestimmten[1]);

b) Werkzeuge, die ihrer Einrichtung entsprechend durch mechanische Kraft getrieben werden sollen;

c) Meß-, Registrier-, Sicherheits- und andere ähnliche Instrumente, die zu den unter a) und b) angegebenen Werkzeugen gehören und gleichzeitig mit ihnen eingeführt werden;

d) andere Teile der unter a) und b) angegebenen Werkzeuge, auch wenn sie getrennt eingeführt werden, sofern sie als solche angemeldet sind und über ihre Art bei der Zollbesichtigung kein Zweifel besteht.

Ferner kann, ebenfalls von dem gedachten Zeitpunkt ab, der Zollbeamte, wenn über die Verzollung anderer als »Fabrikwerkzeuge« eingeführter Gegenstände, wie z. B. Kästen, Gefäße oder Kessel, zwischen ihm und dem Einführenden Meinungsverschiedenheiten bestehen und falls deren Bestimmungszweck ausschlaggebend ist, auf schriftlichen Antrag die vorläufige Freigabe unter Sicherheitsleistung zulassen. Die Zollabfertigungsbeamten vermerken auf dem Duplikatpasse die Kennzeichen (Maße, Nummern usw.) sowie die Anzahl und die Nummern der Bleie und Siegel, die in solchen Fällen von ihnen angelegt sind, damit später die Identität festgestellt werden kann.

Der Antrag ist von dem Zollbeamten mit dem unterschriftlich vollzogenen Paßduplikat und seinem Bericht an den Inspektor und von diesem mit seinem Gutachten an den Direktor weiterzugeben. Der letztgenannte höhere Beamte entscheidet sodann, nachdem er sich mit dem für den Bestimmungsort der Sendung zuständigen Zolldirektor in Verbindung gesetzt hat, über die etwaige Verzollung des Werkzeuges. Von der Entscheidung erhält der Einbringer schriftliche Mitteilung und ebenso, durch Vermittlung des Inspektors, der Zollbeamte. Der letztere vermerkt auf dem Talon des unter Sicherheitsleistung erteilten Passes Tag und Nummer der Entscheidung des Direktors und gegebenenfalls Tag und Nummer der Zollzahlung. Letztere erfolgt unter allen Umständen, wenn nicht innerhalb eines Jahres nach erfolgter Angabe die Verfügung zur Herausgabe der Sicherheit eingegangen ist.

Zolltechnische u. a. Bestimmungen allgemeiner Art.

M ü n z e n : 1 Gulden = 100 Cent = 1,69 ℳ.
M a ß e u n d G e w i c h t e : Metrische.

Deutschland genießt die Meistbegünstigung.

Von Waren, die im Tarif nicht namentlich aufgeführt sind, wird keine Eingangsabgabe erhoben, es sei denn, daß sie nach ihrer Beschaffenheit und Bestimmung unter eine der dort genannten Warengattungen untergereiht werden können.

Für die Wertberechnung ist der »übliche Preis hier zu Lande«, d. h. in den Niederlanden, maßgebend. Unter »üblicher Preis hier zu Lande« wird die Summe verstanden, die der Berechnung nach am Tage der Deklaration für Lieferung in den Niederlanden von der ersten Hand im Ausland ausbedungen werden kann, unter Abzug des tarifmäßigen Einfuhrzolls. Für Waren, auf die das Vorstehende nicht angewandt werden kann, mit Einschluß derjenigen, die ihrer Art, Bestimmung oder Aufschrift nach für andere als die Adressaten einen geringeren Wert haben, wird der Wert auf den Anschaffungspreis aus erster Hand am Orte der Herkunft bestimmt, unter Zuschlag der Kosten der Verpackung, des Transportes, der Versicherung und der Kommission; für abgesonderte Teile eines Ganzen, die keine selbständigen Handelsartikel bilden, wird der Wert nach dem Verhältnisse zum Preise des Ganzen, zu dem sie als zugehörig angesehen werden, bestimmt.

Bei Gewichtverzollung wird auf Antrag des Deklaranten das auf seine Kosten zu ermittelnde R e i n g e w i c h t zugrunde gelegt.

Muster von sehr geringem Handelswerte sind **zollfrei.**

Norwegen.

Zolltarifausgabe vom Jahre 1905.

Zollsatz
in Kronen
für 1 kg
Mindest-   Höchst-
Tarif

N i c h t b e s o n d e r s a u f g e f ü h r t e W a r e n unterliegen einem Wertzolle von **15 vH.**

	Mindest-Tarif	Höchst-Tarif
284 Kardenblätter und Kardenbänder	**frei**	
285 Kardendisteln	**frei**	
286 Karden	**0,30**	**0,40**

---

[1] Motoren für Motorwagen und Fahrräder sind demnach u. E. nach der Tarif-Nr. »Wagen« mit 5 vH. vom Werte zollpflichtig.

Zollsatz
in Kronen
für 1 kg
Mindest-   Höchst-
Tarif

393 Maschinen, Motoren und Apparate zum gewerblichen oder anderen technischen Gebrauch, zum Gebrauch in Schiffahrt oder Landwirtschaft, anderweit im Tarif nicht genannt, sowie unfertige und fertige Teile davon, gleichfalls anderweit nicht genannt . . . . v. Wert **10 vH.** **15 vH.**

        A n m e r k u n g. Für Maschinen, Motoren, Apparate sowie Teile davon kann vom Zolldepartement **zollfreie** Einfuhr zugestanden werden, wenn nachgewiesen wird, daß sie im Lande nicht hergestellt werden.

438 Wringmaschinen **0,03** **0,04**

442 Mühlen aller Art für Hand-, Pferde- und Maschinenbetrieb **0,03** **0,04**

492 Modelle, zu anderen Zwecken ungeeignet, darunter Abgüsse aller Art, lediglich für öffentliche Sammlungen oder Unterrichtszwecke bestimmt . . **frei**

729 Lokomotiven . . . . v. Wert **10 vH.** **15 vH.**

749 Weberschiffchen, Weberschützen, Weberhelfen, Weberschiffchentreiber (Peckers) u. dgl. **0,10** **0,13**

    Feuerspritzen und Spritzenschläuche (anderweit nicht genannt): wie Maschinen und Apparate, Tarif-Nr. 393.

Zolltechnische u. a. Bestimmungen allgemeiner Art.

M ü n z e n: 1 Krone = 100 Öre = 1,125 ℳ.
M a ß e u n d G e w i c h t e: Metrische.

Deutschland genießt die Meistbegünstigung.

Die G e w i c h t v e r z o l l u n g geschieht im allgemeinen nach dem R o h g e w i c h t e.

    Wenn eine Ware aus Teilen zusammengesetzt ist, die verschiedenen Zollsätzen unterliegen, und sie nicht unter eine im Einfuhrzolltarif namentlich aufgeführte Warengattung untergereiht werden kann, so steht es dem Zollpflichtigen frei, die Teile zu trennen und besonders zu verzollen; kann eine solche Trennung nicht stattfinden oder wünscht der Zollpflichtige sie nicht, so kann die Verzollung in der vorangegebenen Art und Weise gleichwohl stattfinden, wenn die Zollaufsichtsbehörde annimmt, daß das Gewicht der verschiedenen Teile, soweit deren Verzollung nach dem Gewichte vorgeschrieben ist, mit einer den Umständen nach befriedigenden Genauigkeit abgeschätzt werden kann. Ist keine dieser Bedingungen für die getrennte Verzollung der Teile vorhanden, so wird die Ware in ihrer Zusammensetzung nach demjenigen Teile behandelt, aus dem sie hauptsächlich besteht, und kann auch dies von der Zollverwaltung nicht entschieden werden, so erfolgt die Verzollung der Ware mit **15 vH.** des Wertes.

Osterreich-Ungarn.

Zolltarifausgabe vom Jahre 1903 *(mit den Vertragsätzen)*.

Zollsatz
in Kronen
für 100 kg

467 Kratzen aller Art; Weberkämme, Weberkammzähne, auch in Bunden oder Ringen; Weberlitzen aus Draht; Maillons **90**

    Kratzen aller Art; Weberkämme, Weberkammzähne, auch in Bunden oder Ringen; Weberschäfte; Maillons; alle diese auch vernickelt *65*

526 Dampfkessel; Destillier-, Kühl- und Kochapparate; [Zisternen und Tanks]; alle diese fertig gearbeitet, auch mit dazu gehöriger und anmontierter Armatur:

    a) aus Eisen **26**

        1. Destillier-, Kühl- und Kochapparate *24*

        2. andere *20*

    b) aus Eisen, mit Bestandteilen aus unedlen Metallen **32**

        30

    c) aus unedlen Metallen **40**

        1. Zisternen und Tanks *40*

        2. andere *32*

527 Lokomotiven [und Tender]; Lokomobilen **29**

    Komplette fahrbare Lokomobilen für landwirtschaftliche Zwecke *21*

528 Dampfmaschinen und andere nicht besonders benannte Motoren (mit Ausnahme der zu den Klassen XLI [elektrische Maschinen und Apparate] und XLII [Fahrzeuge] gehörigen Motoren); Arbeitsmaschinen, in untrennbarer Verbindung mit Dampf-

Zollsatz
in Kronen
für 100 kg

motoren (Dampfbagger, Dampfkrane, Dampfhämmer, Dampfpumpen, Dampf-
spritzen u. dgl.); bei einem Stückgewichte:

    a) von 2 q[1]) oder darunter **40**

    b) von mehr als 2 q bis 25 q **32**

    c) von mehr als 25 q bis 100 q **26**

        1. Dampfturbinen *26*
        2. andere *22*

    d) von mehr als 100 q bis 1000 q **22**

        1. von mehr als 100 q bis 500 q *21*
        2. von mehr als 500 q bis 1000 q *19*
        Wasserturbinen bei einem Stückgewichte von 50 bis 1000 Meterzentner . . *19*

    e) über 1000 q **20**
                                     18

        *A n m e r k u n g. Kolben- und Plungerpumpen, Dampfhämmer und Dampf-
        krane, mit Kolbendampfmaschinen direkt gekuppelt, im Stückgewichte bis 500 q*   *20*

529 Werkzeugmaschinen **24**

    a) Holzbearbeitungsmaschinen bei einem Stückgewichte von 100 q oder darüber . . . *13,50*
    *b) Holzbearbeitungsmaschinen bei einem Stückgewichte von weniger als 100 q; Stein-
    bearbeitungsmaschinen bei einem Stückgewichte von 100 q oder darüber* *18*
    c) andere Werkzeugmaschinen *20*

530 Landwirtschaftliche Maschinen und Apparate, nicht besonders genannt:

    a) Dampfpflüge **10**

    b) Dreschmaschinen **18**
                                       17

    c) andere:

        1. aus Holz (d. i. mit 75 vH. oder mehr Holz) **17**
                                       15

        2. aus Eisen **24**
        aus Eisen, mit Ausnahme der Mähmaschinen *20*

531 Maschinen für die Vorbereitung und Verarbeitung von Flachs, Hanf, Jute und anderen
    zu Klasse XXIII gehörigen Spinnstoffen, von Kammwolle und Seide; dann alle
    zur Spinnerei und Zwirnerei dieser Spinnstoffe gehörigen Maschinen; Zeugdruck-
    rouleauxmaschinen; Stickmaschinen; Kratzensetzmaschinen **7**

532 Maschinen für die Vorbereitung und Verarbeitung von Baumwolle nebst den zur
    Spinnerei und Zwirnerei derselben gehörigen Maschinen, soweit sie nicht unter die
    folgende Nummer fallen **15**
                                       5

533 Vorbereitungs- und Verarbeitungsmaschinen, Spinn- und Zwirnmaschinen, alle diese
    für Abfall- oder Streichgarnspinnerei aus Baumwolle und Wolle **15**
                                       14

534 Web- und Wirkstühle, dann Hilfsmaschinen für die Weberei und Wirkerei . . . **15**

    *a) 1. Webstühle und Hilfsmaschinen für die Weberei, mit Ausnahme von Schlicht- und
    Zettelmaschinen* *14*
        *2. Webstühle und Hilfsmaschinen für die Seidenweberei, mit Ausnahme von Schlicht-
        und Zettelmaschinen* *10*
    b) Riemen-, Gurten- und Schlauchstühle *5*
    *c) Wirkstühle, soweit sie nicht unter b fallen; Hilfsmaschinen für die Wirkerei; Schlicht-
    und Zettelmaschinen* *10*

535 Nähmaschinen und Strickmaschinen:

    a) Gestelle, auch zerlegt **20**
                                         18

    b) Köpfe, fertig gearbeitete Bestandteile von Köpfen (mit Ausnahme der Nadeln) **78**

        *1. Köpfe für einnadlige Plattstich- und Wendlingstich-Nähmaschinen, dann Strick-
        maschinen* *73*
        2. Köpfe für andere Nähmaschinen *60*
        3. Fertig gearbeitete Bestandteile von Köpfen (mit Ausnahme der Nadeln) *73*

    c) Bestandteile zu Köpfen, unfertig gearbeitet, auch aus rohem Guß; Näh- und
    Strickmaschinen mit Gestell **50**

---

1)   1 q im österreichischen Tarif = 1 dz.

Zollsatz
in Kronen
für 100 kg

    1. Bestandteile zu Köpfen, unfertig gearbeitet, auch aus rohem Guß *50*

    2. Einnadlige Plattstich- und Wendlingstich-Nähmaschinen, sowie Strickmaschinen mit Gestell *50*

    3. Andere Nähmaschinen mit Gestell *36*

536 Maschinen und Apparate, nicht besonders genannt, aus Holz (d. i. mit 75 vH. und mehr Holz) **18**

                    15

537 Maschinen und Apparate, nicht besonders genannt, aus unedlen Metallen (d. i. mit mehr als 50 vH. unedler Metalle) **40**

                    34

538 Maschinen und Apparate, nicht besonders genannt, andere, bei einem Stückgewichte:

  a) von 2 q oder darunter **30**

    1. Metallbearbeitungsmaschinen *26*

    2. sonstige hierher gehörige Maschinen *24*

  b) von mehr als 2 q bis 10 q **28**

    1. Metallbearbeitungsmaschinen *24*

    2. sonstige hierher gehörige Maschinen *22*

  c) über 10 q **24**

    1. von mehr als 10 q bis 20 q:

      α) Metallbearbeitungsmaschinen *21*

      β) sonstige hierher gehörige Maschinen *20*

    2. von mehr als 20 q bis 50 q *19*

    3. von mehr als 50 q bis 100 q *18*

    4. über 100 q *16*

      Die eigentliche Papiermaschine mit dem Trockenapparat; Teigwerkmaschinen .   *12*

      Kühlmaschinen im Stückgewichte von über 100 q *16*

      Walzenstühle *18*

    Anmerkungen:

    1. Hydraulische Mangen und Baumwoll-Walzenrauhmaschinen mit Kratzenbelageinrichtung, ohne Rücksicht auf das Stückgewicht, sowie Kalander im Stückgewicht über 60 q *5*

    2. Dörrapparate ohne Rücksicht auf das Stückgewicht *12*

Anmerkungen:

1. Kupfer- und Messingwalzen und -Platten, graviert oder nicht, für inländische Zeugdruckereien und Appreturanstalten gegen besondere Bewilligung . . . .   frei

2. Bei der Tarifierung von Maschinen, Apparaten oder deren Bestandteilen bleiben Verbindungen mit anderen Materialien außer Betracht.

3. Als Teile von Maschinen oder Apparaten sind solche nicht namentlich tarifierte Gegenstände zu verzollen, welche keinen anderen Gebrauch als zur Zusammensetzung von Maschinen bzw. Apparaten zulassen.

    Einzeln zur Einfuhr gelangende Maschinen- bzw. Apparatenbestandteile sind wie die betreffenden Maschinen (Apparate) zu verzollen.

    Die in den vorstehenden Nummern 526 bis 538 aufgestellten Zölle werden für solche Bestandteile dann angewendet, wenn bei der Eingangsverzollung seitens der Partei die zur tarifmäßigen Beurteilung der betreffenden Maschine (bzw. des Apparates) nötigen Nachweise beigebracht werden. Liegen solche Nachweise nicht vor, so werden Maschinen- und Apparatenbestandteile (ausgenommen jene von Näh- und Strickmaschinen) folgendermaßen verzollt:

    Bestandteile aus Holz allein oder mit 75 vH. oder mehr Holz nach Nr. 536;

    Bestandteile aus unedlen Metallen allein oder mit mehr als 50 vH. unedler Metalle nach Nr. 537;

    Maschinen- und Apparatenbestandteile, deren Zugehörigkeit durch Zeichnungen usw. zur Nr. 538 nachgewiesen wird oder außer jedem Zweifel steht, von denen aber das Stückgewicht der Maschine (Apparat), zu welcher sie gehören, nicht nachgewiesen erscheint, sind nach jenem allgemeinen bzw. *vertragsmäßigen* Satze jener Stückgewichtstufe der Nr. 538 zu verzollen, innerhalb welcher der Bestandteil seinem effektiven Gewichte nach fällt.

    Bei Maschinen und Apparaten, die der Verzollung nach dem Stückgewicht unterliegen, ist das Gewicht des zur einmaligen Adjustierung erforderlichen Zubehörs nicht in das Stückgewicht einzurechnen.

    Zusammengebaute — verschieden tarifierte Maschinen — mit Ausnahme der Arbeitsmaschinen in untrennbarer Verbindung mit Dampfmotoren — sind entsprechend den tarifmäßigen Merkmalen der einzelnen Maschinen gesondert zu verzollen. Im Falle die Trennung nicht tunlich wäre, hat die Partei glaubwürdige Gewichtsspezifikationen beizubringen oder es kann auf ihr Ansuchen und auf ihre Kosten die Schätzung des auf die einzelnen Maschinen entfallenden Gewichtes unter Hinzuziehung eines Sachverständigen vorgenommen werden, widrigenfalls die zusammengebauten Maschinen als ein Ganzes nach dem auf die höchst belegte Maschine anzuwendenden Zollsatz abzufertigen ist. Die Schätzung des Stückgewichtes der höchst belegten Maschine behufs Feststellung des anzuwendenden Zollsatzes erfolgt in diesem Falle durch das Zollamt und es ist in Zweifelsfällen von den in Frage kommenden der höchste Zollsatz als Grundlage für die Berechnung der Zollgebühren zu nehmen.

    Alle übrigen Bestandteile, bei einem Stückgewichte:

      von mehr als 2 q nach Nr. 528b;

      von 2 q oder darunter nach Nr. 528a.

4. Kratzenbeschläge sind stets nach Nr. 467 besonders in Verzollung zu nehmen.

Zollsatz
in Kronen
für 100 kg

5. Nicht besonders benannte Teile von Maschinen oder Apparaten, welche ihrer Beschaffenheit nach unter Nr. 481a bzw. Nr. 483a gehören, sind nach diesen Nummern zu verzollen, sofern sie unbearbeitet sind. Zerlegt zur Einfuhr gelangende Maschinen oder Apparate sind von dieser Begünstigung ausgeschlossen.

Die Abnahme bereits an Maschinen (Apparaten) anmontierter Drahtseile, Treibriemen (auch Treibschnüre) behufs Verzollung nach ihrer tarifmäßigen Beschaffenheit kann unterbleiben, wenn deren Gewicht aus vorgelegten, völlig glaubwürdigen Spezifikationen entnommen werden kann.

Es sind Dampfzylinder, Exzenter, Stirn- und Zahnräder, Schwungräder, Riemenscheiben, Riemenabstellvorrichtungen, Kolben, Kurbeln, Spindeln, Seiltragrollen, Trichter und Schläuche aus Holz für Müllereimaschinen, Egoutteure (mit Metalltuch überzogene zylindrische Versteifungen aus unedlen Metallen für die Papierfabrikation), Maschinenwalzen aus schmiedbarem Eisen oder Stahl sowie alle eisernen Maschinenwalzen in Verbindung mit anderen Materialien, Förderschalen, Flaschenzugrollen, Transmissionswellen, Röhrenspiralen für Heizvorrichtungen usw., Kuppelungen aller Art für Maschinen, Transmissionen usw., Riemen- und Seilspannvorrichtungen, Riemenleitrollen, Fundament- und Lagerungsplatten mit maschinellen oder konstruktiven Teilen (angegossenen Ständern, Lagern, für die Ständer ausgesparten Vertiefungen usw.), Lager und Lagerstühle u. dgl. als Bestandteile von Maschinen und Apparaten anzusehen. Dagegen sind gesondert sowie mit der Maschine, zu der sie gehören, zusammen eingehende, jedoch an diese nicht anmontierte Fundament- und Lagerungsplatten ohne maschinelle oder konstruktive Teile, ferner gesondert eingehende Roste und Roststäbe nach Beschaffenheit des Materiales zu verzollen.

Walzen aus schmiedbarem Gusse Nr. 437.

Walzen aus unedlen Metallen Nr. 500.

554 Automobilmotoren (besonders eingehend), im Stückgewichte:

    a) bis 50 kg **150**

    b) von mehr als 50 kg bis 2 q **120**

    c) von mehr als 2 q bis 4 q **100**

    d) über 4 q **60**

Anmerkung. Bei der separaten Einfuhr von Bestandteilen zu Automobilmotoren usw. sind jene fertiggearbeiteten Teile, die infolge ihrer Konstruktion sich unzweifelhaft als Bestandteile solcher Motoren erkennen lassen, nach dieser Nummer abzufertigen, und zwar nach lit. b bis d dann, wenn seitens der Partei die zur Beurteilung der Zugehörigkeit dieser Teile zu einem nach b bis d abzufertigenden Motor nötigen Nachweise erbracht werden.

Liegen solche Nachweise nicht vor, so tritt die Verzollung nach lit. a ein. Separat zur Verzollung gelangende andere Bestandteile zu solchen Motoren sind, sofern sie sich als Maschinenbestandteile darstellen, wie separat eingthende Maschinenteile dieser Gruppe, alle übrigen nach Beschaffenheit des Materials zu behandeln.

Zusammenstellung der gegen Nachweis zollbegünstigt abzufertigenden Maschinen.

Nr.	Bezeichnung der Maschine.	Zollsatz für 100 kg				Form des Nachweises
		ohne		mit		
		Erbringung eines Nachweises				
		Nach Nr.	Kronen	Nach Nr.	Kronen	
527	Vollständige fahrbare Lokomobile für landwirtschaftliche Zwecke	527	29	527	21	Bestätigung.
531	Maschinen für die Vorbereitung und Verarbeitung von Flachs, Hanf, Jute und anderen zur Klasse XXIII gehörigen Spinnstoffen und von Seide; dann alle zur Spinnerei und Zwirnerei dieser Spinnstoffe gehörigen Maschinen	533	14	531	7	Bestätigung.
	Maschinen für die Vorbereitung und Verarbeitung von Kammwolle; dann alle zur Spinnerei und Zwirnerei von Kammwolle gehörigen Maschinen	533	14	531	7	Nachbeschau.
532	Maschinen für die Vorbereitung und Bearbeitung von Baumwolle nebst den zu Spinnerei und Zwirnerei derselben gehörigen Maschinen, soweit sie nicht für Abfall oder Streichgarnspinnerei bestimmt sind	533	14	532	5	Nachbeschau.
534a 1	Webstühle und Hilfsmaschinen für die Seidenweberei, mit Ausnahme von Schlicht- und Zettelmaschinen . . .	534a 2	14	534a 1	10	Bestätigung.
534b	Riemen-, Gurten- und Schlauchstühle	534a 2	14	534b	5	Nachbeschau.
534c	Wirkstühle (soweit sie nicht unter Nr. 534b fallen) . .	534a 2	14	534c	10	Bestätigung.
534c	Hilfsmaschinen für die Wirkerei	534a 2	14	534c	10	Nachbeschau.
534c	Schlicht- und Zettelmaschinen	534a 2	14	534c	10	Bestätigung.
538 Anm. 1	Baumwoll - Walzenrauhmaschinen mit Kratzenbelageinrichtung	*Vertragmäßige Stückgewichtzölle* 538		538 Anm. 1	5	Nachbeschau.
538 Anm. 2	Die eigentliche Papiermaschine mit dem Trockenapparat			538 Anm. 2	5	Nachbeschau.
538 Anm. 3	Walzenstühle im Stückgewicht von 50 q und darunter			538 Anm. 3	18	Bestätigung.

Beim Bezuge durch Händler ist für sämtliche in der Tabelle aufgeführten Maschinen der Unterschied auf die im Falle des Fehlens eines Nachweises in Anwendung zu kommenden Zollsätze sicherzustellen; beim Bezuge durch Industrielle hat die Sicherstellung nur im Falle der vorgeschriebenen Nachbeschau Platz zu greifen. Die Rückerstattung der Sicherstellung erfolgt bei Händlern nach Verkaufsanzeige und Lieferung des Verwendungsnachweises, bei Industriellen nach erfolgter Nachbeschau.

Die Bestätigung muß hinsichtlich vollständiger fahrbarer Lokomobile für landwirtschaftliche Zwecke von der zuständigen landwirtschaftlichen Hauptkorporation, sonst von der zuständigen Handels- und Gewerbekammer ausgestellt sein.

Als zuständig ist die landwirtschaftliche Hauptkorporation bzw. Handels- und Gewerbekammer anzusehen, in deren Sprengel Betriebsstätte gelegen ist, in der die betreffenden Maschinen zur Aufstellung und Verwendung gelangen.

Zollsatz
in Kronen

Zolltarifentscheidungen.

Wächter für Weberketten — etwa 11 cm lang, 1 cm breit, aus Federstahl in der Stärke von 0,2 mm, gegen das eine Ende mit einem 4½ cm langen Schlitze und in der Längsmitte mit einem Loche versehen — T.-Nr. 467 — . . . . . . 100 kg ... **90**

vertragmäßig » ... *65*

Headers (Schlangenrohre) Rohr-(Überhitzer-)kammern und Schlammsäcke zu Babcock-Willcox-Kesseln — die einzelnen Gegenstände sind aus starkem Schwarzblech in einem Stücke gepreßt, von ziemlich quadratischem Querschnitte, mit kreisförmig ausgeschnittenen Löchern versehen, deren Ränder abgedreht sind — T.-Nr. 526a 2 — . . . . 100 kg ... **26**

vertragmäßig » ... *20*

Fädelmaschinen — sie bewirken das automatische Einfädeln der Stickfäden in die Stickmaschinennadeln. Es sind im allgemeinen nur 1,5 dz schwere Maschinen, die als Hilfsmaschinen für die mechanische Stickerei dienen — wie Stickereimaschinen — T.-Nr. 531 — . . . . 100 kg ... **7**

Rohe unbearbeitete Radiatoren aus nicht schmiedbarem Gusse (Heizelemente, Rippenheizrohre) — T.-Nr. 538a 2 — . . . . 100 kg ... **30**

vertragmäßig » ... *24*

Fünfwalzenstuhl zum Auspressen der Ölsaat. Stückgutgewicht über 100 dz — T.-Nr. 538c 4 — . . . . 100 kg ... **24**

vertragmäßig » ... *16*

Dampfluftkompressoren — die Dampfluftkompressoren sind mit Dampfmaschinen direkt gekuppelt — T.-Nr. 528 — . . . . nach dem Stückgewichte

1. Torfausstichmaschinen — mit Handkurbelbetrieb im Gewichte von rund 680 kg; 2. Torfstreumaschinen — Torfmühlen und Torfstreupressen — zu 1: T.-Nr. 530c 2 — . . . . 100 kg ... **24**

vertragmäßig » ... *20*

zu 2: { T.-Nr. 536 — . . . . » ... **18**

vertragmäßig » ... *15*

T.-Nr. 538 — . . . . nach dem Stückgewichte

Teile zu Halbseidenwebstühlen — Maschinenteile für Webstühle, die zur Erzeugung von halbseidenen Samten, Bändern oder Atlassen (Satins) dienen — T.-Nr. 534a 1 — . . . . 100 kg ... **15**

vertragmäßig » ... *10*

Messerwellen — allein eingehende Wellen aus Eisen mit spiralförmig anmontierten Messern im Einzelgewichte von etwa 66 kg für eine Gewebeschermaschine [tripple cropping machine] — T.-Nr. 538a 2 — . . . . 100 kg ... **30**

vertragmäßig » ... *24*

1. Kardendeckel-Ausstoß- und Putzapparat; 2. anmontiertes Kratzenband — ein in jede Krempel leicht einzulegender Apparat zum raschen Reinigen verschmutzter Deckel, der im wesentlichen aus zwei rotierenden Walzen besteht, von denen die eine mit einem Drahtbürstenband (Ausstoßwalzenband) überzogen, die andere mit mehreren Reihen spiralförmig angeordneter Borsten versehen ist. Das Ausstoßwalzenband wiegt 0,5 kg, der ganze Apparat 31,5 kg — zu 1: T.-Nr. 538a 2 — . . . . 100 kg ... **30**

vertragmäßig » ... *24*

(das Kratzenband wird getrennt verzollt)

T.-Nr. 467 — **90**

vertragmäßig » ... *65*

Zündapparate für Motoren — magnetelektrische Zündapparate für Automobilmotoren usw., 4 kg schwer, bestehend aus einem Messinggehäuse, zylindrischem Anker mit Induktionsspule und einem Magnetpaar — T. Nr. 543a — . . . 100 kg ... **120**

Ölsaatwärmepfanne mit Rührwerk im Stückgewichte von 4000 kg — Die Vorrichtung dient zum Rösten der Ölsaat mittelst Dampfes behufs nachheriger Quetschung der Saat in der Ölpresse — T.-Nr. 538c 2 — . . . . 100 kg ... **24**

vertragmäßig » ... *19*

Straßenlokomotive — selbstfahrende, gleichzeitig als Lokomobile (zu landwirtschaftlichen usw. Zwecken) verwendbare Dampfmaschine — T. Nr.- 527 — 100 kg ... **29**

Kolbenpumpen mit Kolbendampfmaschinen direkt gekuppelt (Gewicht 140 bis 300 kg) — liegende (Druck- und Saug-) Kolbenpumpen, deren Ventile nicht im Kolben, sondern an den Mündungen des Saug- und Steigrohrs angebracht sind, mit Kolbendampfmaschinen direkt verbunden — T.-Nr. 528, Anm. 1 — *vertragmäßig* 100 kg ... *20*

Dampfdruck-Reduzierventil aus Eisen (Gewicht 34 kg) — eine Vorrichtung, die dazu bestimmt ist, in eine Dampfröhrenleitung eingeschaltet zu werden und den Druck des Dampfes auf eine bestimmte Stärke automatisch zu reduzieren — T.-Nr. 538a 2 — . . . . 100 kg ... **30**

vertragmäßig » ... *20*

Teervorlage im Gewichte von 3800 kg zu einer Gaserzeugungsanlage — als Destillierapparat aus Eisen — T.-Nr. 526a 1 — . . . . 100 kg ... **26**

vertragmäßig » ... *24*

Zollsatz
in Kronen

L u m p e n r e i ß e r für Wollreißereien — nach Art der Reißwölfe gebaute Maschinen, als Vorbereitungsmaschinen für die Streichgarnspinnerei aus Wolle — T.-Nr. 533 —

100 kg   15
vertragmäßig »   14

K o k o s m a t t e n w e b s t u h l — in den Hauptteilen aus dem Gestell mit Zahnstange, einer Klaviatur und dem Antrieb bestehender Webstuhl im Gewichte von 740 kg zur Herstellung von Kokosmatten — T.-Nr. 534a 2 — . . . . 100 kg   **15**

vertragmäßig »   14

H y d r a u l i s c h e P u m p e (700 kg) zu einer gleichzeitig eingehenden Teigwerkpresse — als im Tarif nicht besonders benannte Maschine — T.-Nr. 538b 2 — . . . 100 kg   **28**

vertragmäßig »   22

E c o n o m i s e r - R u ß k r a t z e r im Stückgewichte von 1450 kg — Greens patentierter selbsttätiger Dreischarr-Rußkratzer zu einem Economiser — T.-Nr. 538c 1β —

100 kg   24
vertragmäßig »   20

V o l l d a m p f - W a s c h m a s c h i n e n — Johns Volldampf-Waschmaschinen, bestehend aus drei Teilen:

dem Ofen mit Füßen aus schwachem Winkeleisen,

dem Wasserkochkessel mit Deckel

und der Trommel — im Stückgewichte von weniger als 20 kg . . . . nach der
Beschaffenheit
des Stoffes

im Stückgewichte von 20 kg und darüber — T.-Nr. 538a 2 — . . . . . . 100 kg   **30**

vertragmäßig »   24

Wenn die eigentliche Waschmaschine, d. i. Kessel samt Deckel und Trommel, weniger als 20 kg wiegen, so ist die Verzollung nach der Beschaffenheit des Stoffes bzw. der einzelnen unter sich bloß in loser Verbindung stehenden Teile gemäß der allg. Bem. 1, Absatz 2 und 3, zu Kl. XL und § 6, Absatz 4, der Durchführungsvorschrift zum Zolltarifgesetze begründet.

Beträgt hingegen das Gewicht der eigentlichen Waschmaschinen, d. i. Kessel, Deckel und Trommel, 20 kg und mehr, so hat im Sinne der obenerwähnten Bestimmung die Tarifierung als nicht besonders benannte Maschinen einzutreten, wobei die zugehörigen Öfen im Sinne der allg. Bem. 6 zu Kl. XL mit der Maschine in Verzollung zu nehmen sind.

T r e i b s c h ü t z e n mit Webstühlen gleichzeitig eingehend — gleichzeitig mit vollständigen mechanischen Filztuchwebstühlen eingehende eiserne, teilweise lackierte, sonst abgeschliffene Treibschützen mit Puffern aus Kautschuk und Rollen aus Lederscheibchen im Einzelgewichte von etwa $2^1/_4$ kg — T.-Nr. 485 b — . . . . 100 kg   **120**

vertragmäßig »   100

K r a n - u n d S c h l a m m a b f u h r w a g e n aus Eisen mit Bestandteilen aus unedlen Metallen — für Pferdebespannung eingerichtete Wagen aus vierrädrigen eisernen Wagengestellen, auf welche zisternenartige Behälter aus vernieteten Eisenblechen und mit einem beweglichen (abschraubbaren) Krane ausgestattete Vorrichtungen zum Füllen und Entleeren der Behälter montiert sind — T.-Nr. 526b — . . . 100 kg   **32**

vertragmäßig »   30

S e i d e n w i n d m a s c h i n e n für die Schuhelastikweberei — etwa 75 kg schwere Maschinen zum Aufspulen von Seidenfäden in einer mechanischen Schuhelastikweberei — T.-Nr. 534a 1 — . . . . 100 kg   **15**

vertragmäßig »   10

R u n d w i r k m a s c h i n e »Invicta« — eine analog den Standardmaschinen gebaute ($12^1/_2$ kg schwere) Maschine, die mittels einer Schraube an einer Tischplatte befestigt wird und für Handbetrieb eingerichtet ist, mit verschließbaren (mit einer Zunge versehenen) Nadeln zur Herstellung glatter Schlauchware sowie von Strümpfen und Socken — T.-Nr. 534c — . . . . 100 kg   **15**

vertragmäßig »   10

P a c k p r e s s e f ü r H o l z w o l l e (2220 kg) — ein länglicher prismatischer Kasten, der dazu dient, mittels Friktionsantriebes und zweier Spindeln Holzwolle in Ballen zusammenzupressen — T.-Nr. 538c 2 — . . . . 100 kg   **24**

vertragmäßig »   19

W a l z e n s t u h l (2700 kg) für eine Brauerei — T.-Nr. 538c 2 — . . . . . . 100 kg   **24**

vertragmäßig »   19

H y d r a u l i s c h e W a l z e n p r e s s e n (5230 kg) — mit einer Mulde und drei Kolben versehene Walzenpresse — T.-Nr. 538c 3 — . . . . 100 kg   **24**

vertragmäßig »   18

V a k u u m t r ä n k - u n d T r o c k e n a p p a r a t e (80 bis 90 dz) — ohne Ventile, Hähne usw. zur Einfuhr gelangte Apparate aus eisernen Kesseln mit Deckeln und mit schmiedeeisernen Siedeschlangen zum Trocknen und Imprägnieren fertiger Kabel — T.-Nr. 538c 3 — . . . . 100 kg   **24**

vertragmäßig »   18

U n t e r t r e i b e r f ü r N ä h m a s c h i n e n — an dem Gestell anzubringende Antriebvorrichtungen für mit mechanischer Kraft zu betreibende Nähmaschinen, mit einer Riemenscheibe oder mit einer zwei-, drei- und mehrfachen Stufenscheibe ausgestattet, um nach Bedarf verschiedene Geschwindigkeiten erzielen zu können, teils

Zollsatz
in Kronen

allein, teils mit Teilen der sogenannten Tische (Nähmaschinengestelle) zur Einfuhr gelangend — T.-Nr. 535a — . . . . 100 kg   **20**

vertragmäßig »   18

Maschinen für die Fezfabrikation — Trockenzentrifugen, Walken, Rauhmaschinen, Schermaschinen und Bürstmaschinen, die sich als Maschinen für die weitere Veredelung fertiger Wirkwaren oder als Maschinen von allgemeiner Verwendbarkeit darstellen — T.-Nr. 538 — . . . . zu den ihren

Stückgewichten
entsprechenden
Zollsätzen.

Flaschenzugbestandteile — Kreuze und Seitenschilder aus 6 bis 10 mm starken Eisenplatten gestanzt, unbearbeitet — T.-Nr. 538a 2 — . . . . . 100 kg   **30**

vertragmäßig »   24

Gasolinapparat (232 kg) — gleichzeitig mit Glasschleifapparaten eingehende Gasolinkasten, bestehend aus gußeisernen Platten, einem eisernen Rohre und messingenem Ventile — T.-Nr. 538b 2 — . . . . 100 kg   **28**

vertragmäßig »   22

Schwefelsäure-Konzentrationsapparat (37,89 kg) — aus einem Kessel und zwei Kühlgefäßen bestehend, die sämtlich aus einer Legierung von Platin mit Gold hergestellt sind — T.-Nr. 569 — . . . . 1 kg   **6**

Zolltechnische u. a. Bestimmungen allgemeiner Art.

Münzen: 1 Krone = 100 Heller = 50 Kreuzer = 0,85 ℳ.

Zur Umrechnung: 1 Goldgulden = 2 Kronen 38 Heller = 2,025 ℳ, somit 1 ℳ = 1,176 Kronen.

Maße und Gewichte: Metrische.

Deutschland genießt die Meistbegünstigung.

Die im Zolltarif angegebenen Zollsätze, einschließlich der Zollzuschläge und des Waggeldes, sind in Goldmünze zu entrichten.

Bei der Einfuhr werden die Zölle nach dem Rohgewicht erhoben:
    a) wenn der Tarif dies ausdrücklich vorschreibt;
    b) bei Waren, deren Zoll 7 Kronen 50 Heller für 100 Kilogramm nicht überschreitet.

Im übrigen wird den Zöllen das Reingewicht zugrunde gelegt.

Musterkarten und Muster in Abschnitten oder Proben, welche nur zum Gebrauch als solche geeignet sind, sind **zollfrei.**

Aus verschieden tarifierten Bestandteilen zusammengesetzte Waren, die nicht im Tarif oder im Verordnungswege besonderen Nummern zugewiesen sind, werden nach ihrem Hauptbestandteile, das ist nach dem Material desjenigen Bestandteils verzollt, welcher der Ware ihren vorherrschenden Charakter verleiht. In Zweifelsfällen hat die Verzollung nach dem höher belegten oder höherwertigen Bestandteile stattzufinden.

Portugal.

Tarifausgabe vom Jahre 1892.

Zollsatz
in Réis
für 1 kg

369 Apparate von Kupfer zur Destillation und Konzentration (Vakuum-Abdampfungspfannen) **100**

371 Apparate und Maschinen, lithographische, typographische **50**

372 Apparate, Maschinen jeder Art und Zubehör im Gewicht bis 50 kg **60**

Apparate, Maschinen jeder Art und Zubehör im Gewicht von 50 bis 100 kg . . . **50**

Apparate, Maschinen jeder Art und Zubehör im Gewicht von 100 bis 500 kg . . **40**

Apparate, Maschinen jeder Art und Zubehör im Gewicht von 500 bis 1000 kg . **30**

Apparate, Maschinen jeder Art und Zubehör im Gewicht von 1000 kg oder mehr **20**

373 Mähmaschinen, Stroh- und Heupressen, Dreschmaschinen, Dampfpflüge und einzelne Teile dieser Maschinen und Apparate, einschl. der Pflugscharen **5**

381 Dampferzeuger (Dampfkessel) **50**

391 Nähmaschinen **10**

392 Dampf-, Gas- und Heißluftmaschinen bis zu 30 nominellen Pferdekräften **50**

Desgleichen von 30 bis 100 nominellen Pferdekräften **30**

Desgleichen von mehr als 100 nominellen Pferdekräften **20**

394 Modelle von Maschinen **20**

4*

Zolltechnische u. a. Bestimmungen allgemeiner Art.

M ü n z e n: 1 Milreis = 1000 Réis = 4,536 ℳ.
M a ß e u n d G e w i c h t e: Metrische.

Für Waren, deren Einfuhrzölle 5 Réis für das kg nicht übersteigen, wird der Zoll nach dem R o h -
g e w i c h t e berechnet, sonst nach dem R e i n g e w i c h t e.

Die im Einfuhrtarif aufgeführten Zölle »nach dem Werte« werden berechnet nach dem Werte
der Waren am Ursprungs- oder Herstellungsorte, zuzüglich aller Auslagen für: Beförderung, Versicherung, Vermittelung, Abladen usw., bis Eintritt in das Amtslokal, wo die Abfertigung stattfindet.

Bezüglich der Tarifierung von Maschinen und Apparaten sowie der aus verschiedenartig ver-
zollten Stoffen zusammengesetzten Erzeugnisse bestimmen die Art. 25 bis 27 der Vorbemerkungen zum
Zolltarif ·folgendes:

Art. 25. Sollen die Maschinen und Apparate nach der im Artikel 372 des Tarifs erwähnten
besonderen Einteilung behandelt werden, so müssen sie vollständig sein und im Zollamte mit einer
eingehenden Übersicht der Menge und Beschaffenheit der zugehörigen Teile und mit der Angabe
des Zweckes der Maschinen eintreffen. Von der Prüfung dieser Übersicht ist die Zollklassifizie-
rung abhängig.

§ 1. Auch die in verschiedenen Sendungen eintreffenden Maschinen können nach der besonderen Einteilung behandelt werden, wenn der Importeur dem Zollamt außer der erwähnten
Übersicht eine vollständige Zeichnung der Maschine vorlegt und sich verpflichtet, innerhalb einer
bestimmten Frist die ganze Maschine einzuführen.

§ 2. Bis zur Beendigung der Einfuhr hat der Zollpflichtige nach und nach die Zölle nebst
einem Drittel zu hinterlegen, entsprechend der Zollklassifikation der mit jeder Sendung erhaltenen
Gegenstände.

Rumänien.

Zolltarifausgabe nach dem Monitorul oficial vom 1./14. Februar 1906.

Zollsatz
in Lei
für 100 kg

735 Maschinen aller Art, getrieben mit Wasser, Dampf, Gas, Petroleum, Petroleum-
derivaten, komprimierter Luft oder jeder anderen Kraft, außer Elektrizität, zusammengesetzt oder zerlegt, im letzten Falle jedoch nur, wenn sämtliche Teile zu
derselben Maschine gehören; das Stück im Gewichte von:

    a) 100 000 kg oder mehr, sowie Wasserkraft-Motoren von jedem Gewicht . .   **12** / *6*

    b) unter 100 000 bis 10 000 kg. . . . .   **14** / *7*

    c) unter 10 000 bis 2500 kg . . . .   **16** / *8*

    d) unter 2500 bis 500 kg . . . .   **22** / *10*

    e) unter 500 kg . . . .   **30** / *12.₇*

736 Werkzeugmaschinen wie mechanische Sägevorrichtungen, Drehbänke, mechanische
Hobelmaschinen, Bohr-, Stemm- und Schleifmaschinen, mechanische Hämmer,
tragbare Schmieden, Formpressen für Metalle oder andere Stoffe sowie andere
ähnliche Maschinen aller Art zum Bearbeiten von Metallen, Holz und anderen
Stoffen, das Stück im Gewichte von:

    a) 10 000 kg oder mehr . . . .   **12** / *6*

    b) unter 10 000 bis 2000 kg . . . .   **15** / *8*

    c) unter 2000 bis 250 kg . . . .   **20** / *10*

    d) weniger als 250 kg . . . .   **28** / *12*

737 Pumpen aller Art für Flüssigkeiten, Luft und Gas sowie Ventilatoren. . . . . .   **17** / *8*

738 Maschinen zum Kämmen, Krempeln, Spinnen und Haspeln von Spinnstoffen, Webstühle, Wirkmaschinen, Zurichte- (Appretur-) und Fassoniermaschinen sowie überhaupt alle Maschinen zur Verarbeitung von Spinnstoffen aus dem Rohstoff bis zur
fertigen Ware . . . .   **18** / *8*

Zollsatz
in Lei
für 100 kg

739 Maschinen, nicht besonders genannt, zur Papierfabrikation **14**
8

740 Maschinen für die Buch- und Steindruckerei **10**
6

741 Schreib-, Rechen- und Registriermaschinen **250**

742 Nähmaschinen und überhaupt alle Maschinen, welche zur Herstellung von Kleidungs-
stücken, Hüten und Schuhwerk dienen **50**
20

Tische, Untergestelle, Kästen dieser Maschinen unterliegen dem Zolle des Materiales, aus dem sie verfertigt sind.

743 Lokomobilen und landwirtschaftliche Maschinen aller Art, ohne Rücksicht auf den
Stoff, aus dem sie hergestellt sind . . . . **4**[1]
4

744 Maschinen und Apparate, nicht besonders genannt, das Stück im Gewichte von:
    a) 10 000 kg oder mehr **7**
    b) unter 10 000 bis 2000 kg **8**
    c) unter 2000 bis 500 kg **9**
    d) unter 500 bis 150 kg **11**
    e) unter 150 bis 50 kg **13**
    f) unter 50 kg **16**

> **Anmerkung.** Dezimal-, Zentesimal-, Brückenwagen sowie die nicht besonders genannten Automaten aller Art werden nach diesem Artikel verzollt.

> **Anmerkung zu den Artikeln Nr. 735 bis 744.** Teile und Zubehörstücke von Maschinen und Apparaten aus den Artikeln Nr. 735 bis 744, die einzeln oder als Ersatzstücke eingeführt werden, sind nach Beschaffenheit des zur Herstellung verwendeten Stoffes zu verzollen.

> Maschinen der Artikel Nr. 735, 736 und 744, die von den äußeren Dienstzweigen des Ministeriums der Öffentlichen Arbeiten, der Direktion der rumänischen Eisenbahnen und von gewerblichen Unternehmungen des Staates für ihren Bedarf eingeführt werden, bleiben, solange sie nicht im Lande hergestellt werden, mit Ermächtigung des Finanzministeriums **zollfrei.**

Zolltarifentscheidungen.

Der rumänische Generalzolldirektor hat den Zollämtern hinsichtlich der Anwendung des Zolltarifs unterm 25. Oktober (a. St.) 1906, Nr. 87396 folgende Anweisung gegeben:

1. Der allgemeine Zolltarif findet auch auf solche Waren Anwendung, für die in den Vertragstarifen höhere Zölle als die entsprechenden Sätze im allgemeinen Tarif vorgesehen sind.
2. Transmissionsriemen, Ketten, Stricke, Montage- und Arbeitswerkzeuge (Schlüssel, Zangen, Hämmer, Schaufeln usw.), die mit Maschinen zusammen eingehen, können n i c h t als M a -
s c h i n e n t e i l e angesehen, sondern müssen nach den Artikeln des Tarifs, unter die sie fallen, besonders verzollt werden.
3. N ä h m a s c h i n e n sind folgendermaßen zu verzollen:
    a) die Maschinenköpfe nach Artikel 742 des Tarifs mit **20** Lei für 100 kg;
    b) die Tische mit ihren Schubladen sowie die Holzdeckel der Maschinenköpfe, je nach ihrer Art, nach Artikel 290 oder 291;
    c) vollständige Gestelle nach Artikel 599 bis 601;
    d) Handnähmaschinen, die auf gußeisernen Gestellen montiert sind, unterliegen dem Zolle für die Maschinenköpfe (**20** Lei für 100 kg) nach ihrem Gesamtgewichte.

Nach Artikel 743 des Tarifs zu **2** Lei für 100 kg sind zu verzollen: Lokomobilen, Säemaschinen, Getreide- und Grasmähmaschinen, Maisrebler, Getreidereinigungsmaschinen (Trieure), Dreschmaschinen und Ventilationsmaschinen (Windreuter). Voraussetzung ist jedoch, daß die ganzen Maschinen, entweder zusammengesetzt oder auseinandergenommen, eingehen.

Einzelne Teile oder Ersatzstücke unterliegen der Verzollung nach der Art des Stoffes, woraus sie bestehen. (Rundschreiben des rumänischen Generalzolldirektors vom 28. November 1906, Nr. 101289.)

Manometer unterliegen nach Artikel 561 einer Verzollung mit **50** Lei für 100 kg.

Unter Maschinen zum Betriebe mit Dampf, Gas usw. (Artikel 735 des Tarifs) sind nur Kraftmaschinen, d. h. Betriebskraft erzeugende Maschinen (mit Kolben und Riemenscheiben) zu verstehen, nicht aber auch die von diesen Motoren getriebenen Maschinen oder die Dampfkessel (Generatoren). Diese letzteren sind unter Artikel 617 aufgeführt.

Bei Verzollung von Maschinen und Fahrzeugen, für die im Tarif Zölle nach dem Gewichte der einzelnen Stücke vorgesehen sind, ist der Zollberechnung das Reingewicht der Maschinen und Fahr-

---

[1] Der Zollsatz des allgemeinen Tarifs ist später auf **2** Lei herabgesetzt worden, so daß letzterer (nicht der *vertragsmäßige* Zollsatz von *4* Lei) bei der Einfuhr aus Deutschland zur Anwendung kommt.

zeuge ohne die Verpackung zugrunde zu legen. Der Zollbetrag ist jedoch vom Rohgewichte zu berechnen, wie dies im Taragesetze vorgesehen ist. In der Zollerklärung ist sowohl das Rein-, als auch das Rohgewicht anzugeben.

Unter Aufhebung der in Betracht kommenden Vorschrift des Erlasses vom 25. Oktober (a. St.) 1906, Nr. 87396, hat der rumänische Generalzolldirektor unterm 8./21. Mai 1907, Nr. 13533, die Zollämter angewiesen, aus Vertragstaaten eingehende vollständige Nähmaschinen, zusammengesetzt oder zerlegt, als ein Ganzes nach Artikel 742 des Tarifs mit 20 Lei für 100 kg zu verzollen.

Für sich allein oder als Ersatzstücke eingehende Nähmaschinenteile oder Zubehör sollen nach der Art des Stoffes, aus dem sie hergestellt sind, behandelt werden.

Zolltechnische u. a. Bestimmungen allgemeiner Art.

M ü n z e n: 1 Lei = 100 Bani = 0,81 ℳ.
M a ß e   u n d   G e w i c h t e: Metrische.

Deutschland genießt die Meistbegünstigung.

Für die nach Gewicht tarifierten Waren sind die Zölle nach dem R o h g e w i c h t e , dem g e s e t z l i c h e n (durch Tara-Abzug ermittelten) oder dem w i r k l i c h e n   R e i n g e w i c h t e zu entrichten, wie solches durch das Gesetz über die Tara für jede Waren- und für jede Verpackungsart bestimmt ist.

Muster ohne Wert, die nur als solche verwendet werden können, sind **zollfrei**.

Rußland.

Zolltarifausgabe vom 1. März 1906.

V o r b e m e r k u n g : Der russische Zolltarif vom Jahre 1905 sah eine Anzahl Kampfzölle vor, indem er eine Unterscheidung nach der Art der Einfuhr — ob zur See oder über die westliche Landgrenze — vorsah. Die Handelsverträge mit Rußland enthalten demgegenüber durchweg die Bestimmung, daß die Zölle bei der Einfuhr über die westliche Landgrenze auf die Sätze bei der Einfuhr zur See ermäßigt sind.

Verträge hat Rußland mit folgenden Staaten abgeschlossen: Belgien, Brasilien, Buchara, Bulgarien, China, Chiwa, Dänemark, Deutschland, Frankreich, Griechenland, Großbritannien, Hawai-Inseln, Italien, Japan, Kongostaat, Korea, Niederlande, Norwegen, Österreich-Ungarn, Persien, Peru, Portugal, Rumänien, Schweden, Schweiz, Serbien, Siam, Spanien, Türkei, Venezuela, Vereinigte Staaten von Amerika.

Demgemäß hat für die Einfuhr von Maschinen die Unterscheidung nach dem Einfuhrweg keine praktische Bedeutung mehr und ist im folgenden fortgelassen worden.

		Zollsatz in Rubel
57 Lederne Treiber (Peckers) für Webstühle . . . . für 1 Pfund		**0,30**
	für 1 Pud	*10,00*
156 [Drahtwaren aus Eisen oder Stahl]:		
1. d) Kratzen und Kratzenbänder:		
α) jeder Art, außer den weiter unten genannten:	für 1 Pud	**6.60**
β) auf mit Kautschuk getränkten Geweben gearbeitet, ohne Filz:	für 1 Pud	**9.50**
Kratzen und Kratzenbänder jeder Art . . . . *für 1 Pud*		*4,80*
167 Maschinen und Apparate; vollständig oder unvollständig, zusammengesetzt oder auseinandergenommen:		
1. aus Gußeisen, Schmiedeeisen, Stahl, mit Teilen aus anderen Materialien oder ohne solche, auch in Verbindung mit Kupfer, sofern das Kupfer nicht mehr als 25 vH. des Gesamtgewichtes der Maschinen ausmacht:		
a) jeder Art, nicht besonders genannt . . . . für 1 Pud		**2,55**
	für 1 Pud	*2,10*
b) Gas- und Petroleummotoren, Dampfmaschinen, Lokomobilen, außer den in Punkt 5 dieses Artikels genannten; Lokomotiven, [Dampfwaggons; Dampfdraisinen und elektrische Fahrzeuge]; typographische und lithographische Druckmaschinen; Papiermaschinen; Holzbearbeitungsmaschinen, außer Gattersägen, die nach Punkt 1a dieses Artikels verzollt werden; Pumpen und Handfeuerspritzen; Kompressoren, Eis- und Kühlmaschinen . . . . für 1 Pud		**3,65**
	für 1 Pud	*3,20*

Dem Vertragzollsatze von 3,20 Rubel unterliegen auch Nähmaschinen.

Zollsatz
in Rubel

c) Maschinen für Metallbearbeitung, außer Walzenstühlen und Dampfhämmern, die unter Punkt 1a dieses Artikels fallen; Dampffeuerspritzen; [Wasser-messer, Gasmesser]; Schreib- und Nähmaschinen . . . . . . für 1 Pud **4,65**

vorstehende Gegenstände, mit Ausnahme von Nähmaschinen [siehe unter 1b]

für 1 Pud 4,20

2. jeder Art aus Kupfer und dessen Legierungen, oder bei denen Kupfer oder seine Legierungen mehr als 25 vH. des Gesamtgewichts ausmachen . . für 1 Pud **9,00**

für 1 Pud 8,00

3.[1])

4. landwirtschaftliche Maschinen und Geräte, ohne Dampfmotore, nicht besonders genannt; Modelle derselben . . . . für 1 Pud **1,05**

für 1 Pud 0,75

5. Lokomobilen mit komplizierten Dreschmaschinen und Dampfpflügen für 1 Pud **0,75**

6. Mäh- und Garbenbindemaschinen; Mähmaschinen mit selbsttätiger Abwerf-vorrichtung; Dampfpflüge; komplizierte Kleedreschmaschinen mit zwei Trommeln, komplizierte Dampfdreschmaschinen mit Schlägertrommeln, bei denen die Länge der Schläger mindestens 4 Fuß 3 Zoll beträgt, und mit Stifttrommeln von mindestens 40 Zoll Länge; Heuwender; Pferderechen; Sortiermaschinen für Gräsersamen; Sortiermaschinen mit Spiraldrahtzylindern; Kartoffelsortier-maschinen; Maschinen zum Ausstreuen pulverartiger Düngemittel; Pulverisatoren, Blasebälge und Injektoren für Weinberge und Fruchtbäume; Traubenquetschen, auch mit Vorrichtungen zur Absonderung der Traubenkämme; kontinuierliche Weinpressen; Zentrifugalrahmscheider und deren Teile, alle neu erfundenen oder vervollkommneten landwirtschaftlichen Maschinen und Geräte, die für Versuchs-stationen und Museen verschrieben werden . . . . **zollfrei**

7. Teile von Maschinen und Apparaten, für sich eingeführt, außer den besonders genannten:

a) aus Kupfer und Kupferlegierungen, oder bei denen Kupfer und seine Legie-rungen mehr als 25 vH. des Gesamtgewichts jedes einzelnen Teiles aus-machen . . . . für 1 Pud **9,00**

für 1 Pud 8,00

b) aus Gußeisen, Schmiedeeisen und Stahl, auch mit Teilen aus anderen Mate-rialien und in Verbindung mit Kupfer im Betrage von nicht mehr als 25 vH. des Gewichtes jedes einzelnen Teiles . . . . für 1 Pud **4,65**

für 1 Pud 4,20

8. Reserveteile von Maschinen und Apparaten, außer den besonders genannten, mit den Maschinen und Apparaten zusammen eingeführt, aus Kupfer und Kupfer-legierungen, oder bei denen das Kupfer oder die Kupferlegierungen mehr als 25 vH. des Gewichtes jedes einzelnen Teiles ausmachen . . . . . für 1 Pud **9,00**

für 1 Pud 8,00

9. Reserveteile von Maschinen und Apparaten, mit den Maschinen und Apparaten zusammen eingeführt, aus Gußeisen, Schmiedeisen und Stahl, auch in Ver-bindung mit Kupfer im Betrage von nicht mehr als 25 vH. des Gewichtes jedes einzelnen Teiles:

a) mit den unter Punkt 1a dieses Artikels genannten Maschinen eingeführt:

für 1 Pud **2,55**

für 1 Pud 2,10

b) mit den unter Punkt 1b dieses Artikels genannten Maschinen eingeführt

für 1 Pud **3,65**

für 1 Pud 3,20

c) mit den unter Punkt 1c dieses Artikels genannten Maschinen eingeführt:

für 1 Pud **4,65**

für 1 Pud 4,20

10.[2])

---

1) Die Ziffer 3 betrifft die hier nicht behandelten elektrotechnischen Fabrikate.

2) Die Ziffer 10 betrifft die hier nicht behandelten Teile von elektrotechnischen Fabrikaten.

Zollsatz
in Rubel

11. Ersatzteile von landwirtschaftlichen Maschinen und Geräten, mit denselben zusammen eingeführt:

a) für die unter Punkt 6 dieses Artikels genannten Maschinen . . . .   **zollfrei**

b) für alle anderen landwirtschaftlichen Maschinen. . . . . für 1 Pud   **0,75**

Anmerkung 1. Die Verzeichnisse der Reserveteile unter Angabe ihrer Anzahl für jede Maschine, jeden Apparat und jedes Gerät werden für die in Punkt 1 lit. a, b und c genannten Maschinen und Apparate vom Finanzminister, und für die in den Punkten 4, 5 und 6 genannten Maschinen und Apparate vom Finanzminister im Einvernehmen mit dem Minister für Landwirtschaft und Domänen bestätigt und öffentlich bekannt gemacht. In derselben Weise erfolgt die Ergänzung und Abänderung dieser Verzeichnisse.

Anmerkung 2. Nicht besonders genannte Apparate und Maschinen aus anderen als den in diesem Artikel genannten einfachen Materialien, überhaupt kein Gußeisen, Eisen und Stahl, oder diese Metalle nur als Verbindungsmittel der einzelnen Maschinenteile untereinander, wie z. B. als Bolzen, Bänder u. a. enthaltend, werden nach den entsprechenden Tarifartikeln für Waren aus diesen Materialien verzollt. Wenn aber Gußeisen, Eisen und Stahl in anderer Form denn als Verbindungsmittel der einzelnen Teile zum Bestande der genannten Maschinen und Apparate gehören, so werden solche Maschinen und Apparate nach Punkt 1 dieses Artikels verzollt.

Anmerkung 3. Ausländische Maschinen für die Bedürfnisse der sibirischen und uralischen Goldindustrie und Teile dazu werden auf Grund eines Verzeichnisses, welches vom Finanzminister im Einvernehmen mit dem Minister für Landwirtschaft und Domänen aufgestellt wird, bis zum 1. Januar 1909 über alle Grenzen des Reiches zollfrei eingelassen.

Anmerkung 4. Die Bestimmungen der Punkte 5, 6 und 11 dieses Artikels und der Anmerkung 1 zu denselben, soweit sie sich auf die in den Punkten 5 und 6 genannten Maschinenteile bezieht, bleiben bis zum 1. Januar 1911 in Kraft.

Anmerkung 5. Als zeitweilige Maßregel, bis zum 1. Januar 1911, ist die zollfreie Einfuhr aus dem Auslande von Apparaten und Vorrichtungen aller Art zur Vernichtung von der Landwirtschaft schädlichen Tieren auf Grund eines vom Finanzminister im Einvernehmen mit dem Minister für Landwirtschaft und Domänen aufzustellenden Verzeichnisses gestattet.

169 Instrumente, Vorrichtungen und Apparate: Manometer, Vacuummeter, Indikatoren und Zählapparate (außer elektrotechnischen) . . . . für 1 Pud   **12,00**

für 1 Pud   *9,00*

Anmerkung. Hiernach werden auch die einzelnen Teile der Apparate und Vorrichtungen verzollt.

Zolltarifentscheidungen.

Pneumatische Hämmer sind als vollkommen gleichartig mit Dampfhämmern nach Artikel 167, Punkt 1 lit. a, einzulassen.

Hydraulische Pressen, die vollkommen selbständige Mechanismen darstellen, sind als nicht besonders genannt dem Artikel 167, Punkt 1 lit. a, zu unterstellen, während die dazu gehörigen Pumpen unter Artikel 167, Punkt 1 lit. b, fallen, da sie nicht unmittelbar zum Bestande der Pressen gehören und gelegentlich sogar, zusammen mit ihren Motoren, in besonderen von den Pressen getrennten Räumen aufgestellt werden.

Dampfturbinen, in denen Kupfer nicht über 25 vH. des Gesamtgewichtes ausmacht, sind als nicht besonders genannte Dampfmaschinen nach Artikel 167, Punkt 1 lit. b, einzulassen.

Im Hinblick auf etwa mögliche Zweifel über den Einlaß von Papiermaschinen aus Gußeisen, Schmiedeeisen und Stahl mit nicht über 25 vH. Beimischung von Kupfer hat das Zolldepartement bekannt gemacht, daß nach Artikel 167, Punkt 1 lit. b, nur diejenigen »Papiermaschinen« im engern Sinne des Wortes einzulassen sind, auf denen die flüssige Papiermasse entweder in einzelne Blätter oder in sogenannte unendliche Blätter (Papier ohne Ende) verwandelt wird, welch letztere ununterbrochen auf eine Welle aufgewickelt werden, die das Endorgan der Maschine bildet. Alle übrigen Maschinen (außer Pumpen), die zum Betrieb der Papierbereitung gehören und teils zur Herstellung von Papiermasse, teils zur weiteren Bearbeitung des von der Papiermaschine kommenden fertigen Papieres dienen, sind nach Artikel 167, Punkt 1 lit. a, Pumpen nach Artikel 167, Punkt 1 lit. b, zu verzollen.

In derselben Weise wie die vorstehend gekennzeichneten Papiermaschinen sind auch wegen der Ähnlichkeit mit diesen Kartonmaschinen zu behandeln. (Zirkulare des russischen Zolldepartements vom 30. März 1906.)

Zentrifugalpumpen sowie die mit ihnen nach Bau und Bestimmung gleichartigen Zentrifugalventilatoren aus Gußeisen, Eisen und Stahl sind nach Artikel 167, Punkt 1 lit. b, des Tarifs zu verzollen. (Zirkular des Zolldepartements vom 12. Januar 1907.)

Kornschrotmaschinen und Handmühlen. Zur Verzollung nach Artikel 167, Punkt 4, sind als Kornschrotmaschinen nur solche Apparate zum Zerkleinern des Kornes einzulassen, in denen die zerkleinernden Teile aus Metall und nicht aus Stein sind, als Handmühlen nur solche, die steinerne Mühlsteine mit höchstens 14″ Durchmesser und keine Vorrichtungen zum mechanischen oder Pferdebetrieb haben. (Zirkular des Zolldepartements vom 3. Januar 1907.)

Verzeichnis der zollfrei oder zum Satz von 0,75 Rubel für 1 Pud einzulassenden Ersatzteile für landwirtschaftliche Maschinen und Geräte.

Durch Verfügung des Ministers für Handel und Industrie vom 16. März 1907 ist das nachfolgende Verzeichnis der nach Artikel 167, Punkt 11a und b, des Zolltarifs für den europäischen Handel vom 13. Januar 1903 zu verzollenden Ersatzteile der in den Punkten 4, 5 und 6 desselben Artikels genannten landwirtschaftlichen Maschinen und Geräte bestätigt worden:

1. Ersatzteile von landwirtschaftlichen Maschinen und Geräten, mit diesen zusammen eingeführt, die nach Punkt 11a des Artikels 167 **zollfrei** einzulassen sind.

Benennung der Maschinen	Ersatzteile dazu
Mähmaschinen mit Garbenbinder; Mähmaschinen mit selbsttätigem Abwerfapparat	Zwei Ersatzmesser oder je zwei Satz Messerklingen; ein Satz Ersatzschutzfinger und Zahnräder, 1 Hauptrechenführung, 2 Rechenschenkel mit Rolle (für die Mähmaschine), 1 Ersatzbindeapparat (für den Garbenbinder), 2 Ersatzkurbelstangen mit Lagern, 1 Exzenter, 2 Messerköpfe, 1 Rechenquerstück, 2 Zapfenlager für die Exzenterwelle, 2 Zähne der Rechenbahn und ein Satz Federn.
Dampfpflüge.	Zu einem Satz Pflugscharen: Messer (Sech), Streichbretter, Stützen (Griessäulen), Sohlen und Räder.
Dreschmaschinen des Artikels 167, Punkt 6.	1 Satz Ersatzschlagleisten und Schlagleistenbolzen, 1 Satz Stifte (Zähne), 3 Kurbelwellen, 5 Füße für Strohschüffler und 2 Riemenscheiben; 1 Satz Lager und, für solche mit Zahnvorrichtung, 1 Satz Zahnräder. Für Kleedreschmaschinen außerdem eine Reibetrommel oder ein Satz von Teilen derselben, 2 Sätze Siebe und 3 Glieder für jede Schnecke.
Heuwender.	1 Satz Ersatzgabeln oder 1 Welle, 1 Satz Zahnräder und 1 Satz Federn und Ketten.
Pferderechen.	1 vollständiger Satz Ersatzzähne, 1 Satz Zahnräder und 1 Satz Speirgabeln und Federn.
Sortiermaschinen für Grassamen.	4 Satz Reservesiebe in Rahmen (die Zahl der Siebe im Satz entspricht der Zahl der Siebe, die gleichzeitig in einer Maschine angebracht werden können), 1 Satz Zahnräder oder Riemenscheiben und 1 Satz Lager und Bürsten für die Siebe.
Maschinen zum Ausstreuen von pulverförmigen Düngemitteln.	1 Satz Ausstreuvorrichtungen, 1 Satz Zahnräder.
Pulverisatoren.	2 Satz Mundstücke (Brausen).

2. Ersatzteile von landwirtschaftlichen Maschinen und Geräten, mit diesen zusammen eingeführt, die nach Artikel 167, Punkt 11b, mit **75 Kopeken** für 1 Pud zollpflichtig sind.

Benennung der Maschinen	Ersatzteile dazu
Pflüge (außer den in Artikel 167, Punkt 6, benannten).	5 Satz Pflugscharen, 2 Satz Messer (Sech), 1 Satz Stützen (Griessäulen), 2 Satz Streichbretter, 3 Sohlen, 1 Satz Reserveräder, 1 Ersatzhebel mit Zubehör und 2 Klötze für die vordere Achse.
Eggen, Exstirpatoren, Kultivatoren u. dgl.	1 vollständiger Satz Reservezähne, Füße, Pflugmesser, Pflugscharen oder Scheiben.
Säemaschinen.	1 Satz Ausstreuvorrichtungen wie Gehäuse, Schubräder usw.; 1 Satz Reservezahnräder, 1 Satz Scharen (für Reihensäemaschinen) und 1 Satz Scheiben und Samenbahnen (für Reihensäemaschinen).
Grasmähmaschinen.	2 Ersatzmesser oder zu 2 Satz Messerklingen, 1 Satz Schutzfinger, 2 Ersatzkurbelstangen mit Lagern und Exzentern, 1 Satz Reservezahnräder und 1 Satz Muffen.
Getreide-Reinigungsmaschinen.	1 Satz Zahnräder und 4 Satz Reservesiebe in Rahmen (die Zahl der Siebe im Satz entspricht der Zahl von Sieben, die gleichzeitig in der Maschine angebracht werden können).
Unkraut-Auslesemaschinen (Trieurs).	1 Reservezylinder und ein Satz Siebe.
Stroh- und Wurzelschneidemaschinen.	1 Satz Zahnräder und 2 Sätze Messer.

Quetschmühlen und Ölkuchen- brecher.	1 Satz Walzen (Messer oder Mahlscheiben).
Flachsbrecher.	1 Satz gußeiserner Riffelwalzen und 1 Satz Federn für die Walzen.
Pferdegöpel.	2 Hooksche Scharniere (Klauen), 1 Satz Zahnräder, das Haupttrieb-rad inbegriffen und 1 Satz Einlagestücke oder Lager.
Heupressen.	1 Reservekolben, 1 Satz Zahnräder und 1 Sortiment Federn.
Lokomobilen.	1 Satz Siederöhren, die Kurbelwelle, 1 Satz Lager und 1 Satz Kolben-ringe.

Nach Artikel 167, Punkt 5, können mit komplizierten Dreschmaschinen und Dampfpflügen eingeführte gewöhnliche und selbsttätige Lokomobilen[1]) eingelassen werden, die mit Dampf betrieben werden und bleibende Vorrichtungen zur Fortbewegung haben (nicht zeitweilige zum Transport der Lokomobilen an den Bestimmungsort), keinesfalls aber Motoren anderer Bauart (Gas-, Naphtha-, Benzin- und dergleichen Motoren).

Bei mit Dreschmaschinen einzulassenden Lokomobilen müssen die Heizfläche des Kessels der Lokomobilen und die Abmessungen der Dreschmaschinen in folgenden Verhältnissen zueinander stehen:

a) Dreschmaschinen mit Stifttrommeln:

Breite der Trommel der Dreschmaschine:	Heizfläche des Kessels der Lokomobile nicht über:
24 bis 26 Zoll	13 Quadratmeter
28 » 30 »	17 »
32 » 36 »	21 »
40 » 44 »	25,5 »

b) Dreschmaschinen mit Schlägertrommeln:

Breite der Trommel der Dreschmaschine:	Heizfläche des Kessels der Lokomobile nicht über:
36 bis 38 Zoll	9 Quadratmeter
42 » 44 »	13 »
48 » 50 »	17 »
54 » 56 »	21 »
60 » 62 »	25,5 »
66 » 68 »	29,5 »

Die mit Dampfpflügen eingeführten Lokomobilen charakterisieren sich durch eine Winde (Haspel) zum Aufwinden des Drahtseiles, das dem Pfluge die Bewegung mitteilt, wobei diese Winde gewöhnlich unter dem Kessel der Lokomobile angebracht, gelegentlich aber auch als besondere Maschine oder Karren hergestellt wird, der der Lokomobile angepaßt wird.

Selbsttätige Dampflokomobilen sind nach Artikel 167, Punkt 5, einzulassen, wenn sie mit den komplizierten Dreschmaschinen und Dampfpflügen, zu denen sie gehören, eingeführt werden, wobei die Anwesenheit einer Winde, sei es, daß sie in der Lokomobile selbst untergebracht ist, sei es, daß sie eine besondere Maschine ist, für die mit Dampfpflügen eingeführten selbsttätigen Lokomobilen nicht erforderlich ist.

Falls die Abmessungen der Lokomobilen und der Dreschmaschinen den oben angegebenen Verhältnissen nicht entsprechen oder ihr Verhältnis vorstehend nicht vorgesehen ist, sind bei der Einreichung von Beschwerden gegen die Entscheidungen der Zollämter dem Zolldepartement neben Lieferung der Zeichnungen und Umrisse der Ware Angaben zu machen über die Abmessungen der Trommeln der Dreschmaschinen (Länge und Durchmesser), über den Durchmesser der Zylinder, den Kolbenhub, die Heizfläche, die Zahl der Umdrehungen und den Dampfdruck im Dampfkessel, wobei diese letzteren Angaben (Umdrehungszahl und Dampfdruck), falls sie auf den Lokomobilen nicht angegeben sind, aus den Fakturen und Spezifikationen der Fabrik zu entnehmen sind.

Zollfreie Einfuhr von Maschinen für die Goldindustrie.
(Russische Gesetzsammlung I. Teil Nr. 57 vom 14./27. März 1906.)

Der Minister für Handel und Industrie hat im Einvernehmen mit dem Finanzminister an Stelle des in der Gesetzsammlung vom Jahre 1899, Nr. 92, veröffentlichten Verzeichnisses und der später dazu ergangenen Abänderungen am 20. Januar 1906 das folgende Verzeichnis der ausländischen Maschinen, Maschinenteile und Zubehörteile zu Maschinen, die auf Grund des Gutachtens des Ministerkomitees vom 24. April 1898 im Laufe von 10 Jahren bis zum 1. Januar 1909 für die Bedürfnisse der Sibirischen und Uralischen Goldindustrie über alle Grenzen des Reiches **zollfrei** eingeführt werden dürfen, und die Bestimmungen über ihre Einfuhr bestätigt.

I. Maschinen, die ausschließlich in Goldminen Verwendung finden:

A. Für Goldwäschereien:

a) Wasserstrahlapparate, Spritzen und Wasserleitungsröhren nebst Zubehör, Verteilungs- und anderen Vorrichtungen zur hydraulischen Aufarbeitung des Goldsandes.

b) Hydraulische und nach anderen Systemen konstruierte Hebewerke (Elevatoren) zum Heben von goldhaltigem und ausgewaschenem Sand.

---

1) Wegen der Verzollung von Lokomobilen siehe im übrigen Artikel 167, Punkt 1b.

B. Für Goldbergwerke:
a) Konzentratoren (Anreicherungsapparate) aller Bauarten zur Anreicherung von goldhaltigem Sand.
b) Amerikanische und andere Anreicherungsapparate zur Konzentration von Schlämmen und Erzielung von Schliechen und Lechen.
c) Zentrifugalkonzentratoren zur Konzentration von goldhaltigem Gestein auf trockenem Wege.
d) Apparate zur Amalgamierung von goldhaltigen Erzen; hierher gehören Amalgamatoren aller Art, wie z. B. Arrastras-Erzmühlen, Amalgamiermühlen, Amalgamierpfannen (Pans), metallische Amalgamierplatten und andere zur Extraktion von Gold im Wege der Amalgamation bestimmte Apparate.
e) Apparate, die zur Extraktion von Gold auf nassem Wege dienen — nämlich alle Arten von Erzröst-, Rotations- und anderen Öfen, desgleichen Chlorinationsapparate, wie Generatoren zur Entwickelung von Chlor (Chlorinatoren), zylindrische Pfannen aus Kesselblechen und Halbkesselblechen nebst allem Zubehör (Verschlüsse, Verteilungsvorrichtungen, Hähne, Röhren, Siphons usw.), die zur Extraktion von Gold mittels Cyankaliums und anderer chemischer Reagentien dienen, sowie auch Dynamomaschinen zur elektrolytischen Fällung von Gold aus Cyanlösungen.

II. Maschinen, die überhaupt bei Bergwerksarbeiten Verwendung finden:

A. Zur Förderung von goldhaltigem Gestein: Dredgen und Erdbagger in vollständiger Zusammensetzung. Exkavatoren, Diamantbohrmaschinen in vollständiger Zusammensetzung und Perforatoren aller möglichen Systeme, sowohl zum Handbetrieb bestimmt, als auch mit komprimierter Luft oder Elektrizität betriebene, Bohrapparate in vollständiger Zusammensetzung und Eisenrohre dazu; Zubehörteile zu Dredgen, wie: Stahlseile, Riemen, Kokosmatten, Bolzen, Zapfen, Eisengitter für Schleusen und Gummibänder mit der Bedingung, daß den Zollämtern, über die die genannten Zubehörteile zu Dredgen durchgelassen werden, Bescheinigungen der zuständigen Bergbehörde darüber vorzulegen sind, daß sie zu Dredgen gehören, die für Goldminen erforderlich sind.
B. Zum Anfahren von goldhaltigem Gestein: transportable Eisenbahnen, Schienen (nur für die Minen des Generalgouvernements Irkutsk sowie des Amur- und des Küstengebiets) und rollendes Material dazu sowie Seile aus Stahldraht und rollendes Material für Schwebebahnen.
C. Zum Abteufen von Wasser: Pumpen aller möglichen Systeme, Stangenpumpen, Wasserstrahlpumpen, Zentrifugalpumpen, Pulsometer usw.
D. Zur Ventilation: Ventilatoren aller möglichen Systeme.
E. Zur mechanischen Bearbeitung der Erze (Anreicherung):
a) Apparate zum Zerkleinern des Gesteins: Quetschen, Pochwerke, Brechwalzen, Kugelmühlen und andere Apparate, außer Kollergängen;
b) Apparate zum Sortieren des Gesteins nach der Größe: Trommeln, Sortier- und Feinsiebe;
c) Apparate zum Absetzen und Auswaschen von Gestein: Setzsiebe und alle möglichen Herde.
F. Motoren aller Art, darunter auch Dampfmaschinen nebst Dampfkesseln und anderen Zubehörteilen, außer feststehenden Dampfmaschinen, die ein Fundament (aus Stein, Metall oder Holz) erfordern, und Dampfkesseln, die eingemauert werden müssen (im Inneren kein vollständiges System von Rauchgängen mit Zugrohr haben); Elektromotoren und Zubehörteile zur elektrischen Kraftübertragung auf Entfernungen.

III. Zubehör- und Ersatzteile zu den in den Punkten I und II bezeichneten Maschinen und Apparaten, unabhängig von den in I lit. B e und II lit. A besonders genannten Zubehörteilen.

Das vorstehende Verzeichnis von Maschinen der beiden Kategorien ist nicht erschöpfend, namentlich in Anbetracht der Möglichkeit des Auftretens neuer Erfindungen auf diesem Gebiet; den Goldindustriellen wird daher das Recht eingeräumt, in jedem einzelnen Falle beim Minister für Handel und Industrie um die Genehmigung zur Einfuhr solcher Maschinen mit Zollvergünstigung nachzusuchen, jedoch unter der Bedingung, daß dem Gesuch ein Gutachten des örtlichen Bezirks-Bergingenieurs beigefügt wird.

Die **zollfreie** Zulassung der unter I, II und III genannten ausländischen Maschinen, Maschinenteile und Zubehörteile dazu erfolgt unter Beobachtung nachstehender Vorschriften:

I. Die für die Goldindustrie Sibiriens und des Ural erforderlichen Maschinen, Maschinenteile und Zubehörteile zu Maschinen werden gegen Hinterlegung einer Kaution in der Höhe des zu zahlenden Zolles und unter der Bedingung zollfrei eingelassen, daß dem Zollamt, bei dem die Besichtigung stattfindet, Zeichnungen der Maschinen in montierter Gestalt und genaue Spezifikationen jedes einzelnen Kollos vorgelegt werden. Die Kaution ist zurückzuzahlen, sobald dem Zollamt eine Bescheinigung des örtlichen Bezirks-Bergingenieurs oder seines Gehilfen darüber vorgelegt wird, daß die von der betreffenden Person oder Gesellschaft aus dem Auslande verschriebenen Maschinen am Bestimmungsort eingetroffen und wirklich für Goldminen erforderlich sind.

Die Rückerstattung der Kaution erfolgt im Laufe von sechs Monaten, vom Tage der Ablassung der Maschinen aus dem Zollamt an gerechnet, für die in West- und Ostsibirien und im Amurbezirk belegenen Minen beträgt diese Frist 18 Monate, und sie kann verlängert werden, jedoch auf höchstens zwei Jahre.

II. Die zollfreie Einfuhr der unter I aufgezählten Maschinen, Maschinenteile und Zubehörteile zu Maschinen ist auch ohne Hinterlegung einer Kaution unter der Bedingung zulässig, daß dem besichtigenden Zollamt eine Bescheinigung des Bezirks-Bergingenieurs oder seines Gehilfen oder der örtlichen Bergverwaltung darüber vorgelegt wird, daß auf Grund der eingereichten Spezifikationen und

Zeichnungen die- beim Zollamt eingetroffenen Maschinen und Maschinenteile wirklich für Goldminen erforderlich und von der betreffenden Person oder Gesellschaft für solche aus dem Auslande verschrieben sind.

III. Falls in den Gouvernements Tomsk, Jeniseisk, Irkutsk, in den Gebieten Jakutsk, Transbaikalien, im Amur- und Küstengebiet Lager von Maschinen für die Goldindustrie eröffnet werden, haben deren Besitzer, um ausländische Maschinen zollfrei beziehen zu können, Bescheinigungen der Bezirks-Bergingenieure darüber vorzulegen, daß die verschriebenen Maschinen, Maschinenteile und Zubehörteile zu Maschinen bei Goldminenarbeiten Verwendung finden können und zur Kategorie der in dem veröffentlichten Verzeichnis angegebenen gehören, sowie auch darüber, daß ihr Besitzer wirklich Inhaber eines Lagers von goldindustriellen Maschinen ist. Die zollfrei bezogenen Maschinen dürfen nur für Zwecke der Goldminenarbeiten verkauft werden.

Laut Verfügung des Ministers für Handel und Industrie vom 19. September 1906 sind im Einvernehmen mit dem Finanzminister in das am 20. Januar 1906 bestätigte Verzeichnis der ausländischen Maschinen, Maschinenteile und Zubehörteile zu Maschinen, die im Laufe von 10 Jahren, bis zum 1. Januar 1909, für die Bedürfnisse der sibirischen und uralischen Goldindustrie über sämtliche Grenzen des Reichs zollfrei eingeführt werden können, folgende Gegenstände neu aufgenommen:

Dreh-, Bohr-, Hobel- und Meißelbänke und Bolzenschneidemaschinen der verschiedenen Bauarten; Bandsägestühle; Dampfhämmer mit einem Ständer; stehende Dampfmaschinen und Kessel; Reserveteile zu den vorgenannten Gegenständen in einem Betrage bis zu 10 vH. des Gewichtes jeder Maschine und jedes Apparates. (Russische Gesetzsammlung.)

Der russische Finanzminister hat durch Verfügung vom 11. Oktober 1906 Nr. 24542 allgemein den Einlaß von Nähmaschinen in montierter Form, die ohne Ersatzteile eingeführt werden, über die an der europäischen Grenze belegenen Zollämter II. und III. Klasse ohne Hinzuziehung eines Sachverständigen gestattet.

Zolltechnische u. a. Bestimmungen allgemeiner Art.

M ü n z e n : 1 Imperial (zu 11,6135 Gr. f. Gold) à 15 Rubel = 32,4017 ℳ
1 Rubel (17,9961 Gr. fein Silber à 100 Kopeken gesetzlich) = 2,16 ℳ
G e w i c h t e : 1 Pud = 40 Pfund = 16,38 kg.
Metrische Maße und Gewichte sind fakultativ zugelassen.

Deutschland genießt die Meistbegünstigung.

Muster verschiedener Materialien und Waren, welche nicht das Aussehen und den Charakter von Waren haben, sind **zollfrei**.

Die Zölle werden, soweit nicht im Tarif ausdrücklich eine Verzollung nach dem Rohgewichte vorgesehen ist, unter Abrechnung der gesetzmäßigen Tara vom Rohgewichte nach dem R e i n g e w i c h t e erhoben.

Der Zoll sowie die Zuschlagzollgebühren usw. sind zu zahlen:
1) in russischer Reichsgoldmünze und in Reichskassenscheinen bis zu unbegrenzten Beträgen;
2) in russischer Reichssilbermünze von hohem Feingehalte bis zum Betrage von weniger als 5 Rubel;
3) in anderer Silbermünze bis zum Betrage von weniger als 1 Rubel und
4) in Kupfermünze bis zum Betrage von weniger als 20 Kopeken bei jeder Zahlung.

Es werden indessen bei Zollzahlungen auch deutsche Goldmünzen angenommen, und zwar 1000 Mark Gold als Gegenwert von 462 Rubel (1 Rubel = 1/15 Imperial). In dem gleichen Verhältnisse nehmen die russischen Zollämter die deutschen Reichsbanknoten bei Zollzahlungen an.

Schweden.

Zolltarifausgabe vom 8. Juni 1906.

N i c h t b e s o n d e r s a u f g e f ü h r t e W a r e n und Roherzeugnisse sind roh (nach Nr. 739) **frei,** mehr oder weniger bearbeitet (nach Nr. 740) einem Wertzoll von **15** vH. unterworfen.

		Zollsatz vom Werte vH.
138	Feuerapparate für Leuchttürme und Teile davon, anderweit nicht genannt	**10**
171	Gas- und Wassermesser	**10**
272	Lokomotiven	**10**
378	Maschinen, [Gerätschaften und Werkzeuge] oder Teile davon, anderweit nicht genannt	**10**
447	Platina, [unbearbeitet oder bearbeitet, darunter auch] Maschinen, [Geräte und Werkzeuge] oder Teile davon, welche ausschließlich aus Platina hergestellt sind	**frei**

Zollsatz
vom Werte
vH.

Spritzen:

607 Feuer- [und Garten-], auch Zubehör dazu **10**

[andere Arten werden wie das Material, bearbeitet, aus welchem sie bestehen, verzollt].

630 Nähmaschinen und Strickmaschinen (Stickmaskiner) oder Teile davon, anderweit nicht genannt **10**

735 Dampfmaschinen, anderweit nicht genannt, und Dampfkessel. **10**

Bobbinen fallen unter Maschinen, Gerätschaften und Werkzeuge.

Kratzen und Kratzenleder fallen unter Maschinen, Gerätschaften und Werkzeuge.

Formen:

zu industriellen Zwecken werden wie Maschinen, Gerätschaften und Werkzeuge verzollt.

[andere Arten werden wie das betreffende Material, verarbeitet, verzollt.]

> Anmerkung. Der schwedisch-deutsche Handelsvertrag enthält u. a. folgende Bestimmung: Eine Änderung des Zolles kann dahin vorgenommen werden, daß die unter die Nrn. 378 und 735 fallenden Maschinen (mit Ausschluß der Gerätschaften und Werkzeuge), soweit ihr Einzelgewicht 1000 kg oder darunter beträgt, bis um 5 vH. vom Werte im Zolle erhöht werden, wenn gleichzeitig für diese Maschinen, soweit ihr Einzelgewicht über 10000 kg beträgt, eine Ermäßigung des Zolles um denselben Prozentsatz vom Werte gewährt wird.
>
> Die gleiche Zolländerung soll für Teile von Maschinen Platz greifen, die erkennbar zu den im Zolle erhöhten oder ermäßigten Maschinen gehören oder für diese bestimmt sind.

Zolltechnische u. a. Bestimmungen allgemeiner Art.

Münzen: 1 Krone = 100 Öre = 1,125 ℳ.

Maße und Gewichte: Metrische.

Deutschland genießt die Meistbegünstigung.

Bei eingehenden Waren, die nach dem Zolltarif mit gewissen Prozenten des Wertes zu verzollen sind, hat der Eigentümer der Ware anzugeben: den Einkaufpreis unter Hinzurechnung des Wertes der Verpackung, der Versicherung, der Fracht und der sonstigen darauf verwendeten Kosten, und zwar, wenn die Ware auf Schiffen verfrachtet wird, bis zu dem Hafen, nach welchem sie bestimmt oder wo sie zur weiteren Beförderung auf dem Schiffe gelöscht wird, und wenn sie auf andere Weise verfrachtet wird, bis zur ersten schwedischen Zollstelle. Diese Angaben des Eigentümers sind, soweit möglich, durch Faktura und Konossement zu bestätigen.

Werden diese Urkunden nicht vorgelegt, so ist die Zollbehörde verpflichtet und in jedem Falle dazu berechtigt, durch zwei hinzugezogene Sachverständige die Waren besichtigen zu lassen und die Feststellung des angegebenen Wertes oder die Erhöhung desselben, falls die Besichtiger eine solche für angezeigt erachten, auf der Eingabe zu vermerken. Will der Eigentümer die Waren nicht nach dem von den Sachverständigen angesetzten Werte verzollen, so ist dies ebenfalls auf der Eingabe zu vermerken und darauf die Ware sobald wie möglich und spätestens einen Monat nach erfolgter Anmeldung durch die Zollbehörde in öffentlicher Versteigerung zu verkaufen. Nachdem die Zollabgabe, berechnet nach dem Verkaufserlös — falls dieser die Wertangabe des Eigentümers übersteigt — oder unter allen Umständen berechnet mindestens nach der letzteren, neben den Versteigerungskosten abgezogen worden ist, ist der etwa übrigbleibende Reinerlös dem Eigentümer der Ware auszuhändigen.

Die Verzollung erfolgt nach dem Rohgewicht unter Gewährung der in der genehmigten Taratabelle festgesetzten Tara oder nach dem durch Verwiegen ermittelten Reingewichte.

Schweiz.

Zolltarif vom 10. Oktober 1902 (in Kraft getreten den 1. Januar 1906).

Zollsatz
in Francs
für 100 kg

Die Nummern und Zollsätze sind diejenigen des Gebrauchtarifs, die Zollsätze des Zolltarifgesetzes (Generaltarifs) sind am Schlusse einer jeden Tarifstelle in Klammern (G. T. Fr. . .) beigefügt. Die Anmerkungen mit der Bezeichnung »ad« sind Tarifentscheidungen, diejenigen mit der Bezeichnung »NB. ad« sind Erläuterungen.

Maschinenteile, roh vorgearbeitet, das Stück im Gewichte von:

879 500 kg und darüber, für nicht schmiedbaren Eisenguß (Grauguß); 250 kg und darüber, für Stahlguß; 50 kg und darüber, für schmiedbares Eisen oder Stahl; ferner, ohne Gewichtsbeschränkung: Kesselteile, roh vorgearbeitet, aus Schmiedeisen oder Stahl, nicht genietet und ohne Nietlöcher; Röhren aus Schmiedeisen oder Stahl, gewunden, in Spiralen, Schlangen u. dergl. **0,60**

880 weniger als 50 kg, für schmiedbares Eisen oder Stahl **2**

Zollsatz
in Francs
für 100 kg

NB. ad 879/880. Andere roh vorgearbeitete Maschinenteile als die vorstehend verzeichneteu sind als Grauguß-, oder nicht anderweit genannte Schmiedeisenwaren zu behandeln.

NB. ad 879/880. Maschinenteile, roh vorgearbeitet, aus Messing, Kupfer usw., siehe NB. ad 833/834 *).

881 Dampf- und andere Kessel, Dampf- und andere Gefäße aller Art: aus Eisen, sowie zusammengesetzte Teile von solchen, mit oder ohne Armatur (Ausrüstung)
(G. T. Fr. 8)   **5**

Ad 881. [Blechtafeln, gebogen, auch gelocht, ohne Rücksicht auf die Dimensionen des Bleches;] Dampfüberhitzer, Kessel für Wasser- und Niederdruckdampfheizungen; [Pfannen (Tröge, Behälter) aus Eisen- oder Stahlblech, für technische Zwecke;] Röhrenvorwärmer.

882 Dampf- und andere Kessel, Apparate aller Art für technische Zwecke, zum Kochen, Verdampfen, Destillieren, Sterilisieren usw.: aus anderen Metallen als Eisen
(G. T. Fr. 50)   **35**

NB. ad 882. Destillierapparate aus Eisen oder Stahl fallen unter die Nrn. 894/898.

883 Dampf-Lokomotiven; Tender . . . . (G. T. Fr. 12)   **10**

Ad 883. Benzinlokomotiven.

884 Spinnereimaschinen, einschl. sämtlicher Maschinen zur Vorbereitung und zum Transport der Spinnstoffe; Zwirnereimaschinen, einschl. Facht-, Spul-, Gasiermaschinen, Glanzmaschinen und Häspel . . . . (G. T. Fr. 8)   **4**

Ad 884. Garnpackpressen; Kardenbecher (Kardenkannen) für Spinnereimaschinen, auch mit hölzernem Boden und Metallreifen, roh oder bemalt; [Porzellanspulen].

Webereimaschinen:
885   Webstühle . . . . (G. T. Fr. 8)   **4**
886   andere Webereimaschinen, wie für Spulerei, Zettlerei, Aufbäumerei, Schlichterei, Schlichtezubereitung; Stoffmeß- und Stofflegmaschinen; Schaft- u. Jacquardmaschinen . . . . (G. T. Fr. 10)   **4**

Ad 886. Andreh- und Einziehbänke; Haken, Nadeln und Gewichte für Jacquardmaschinen; Kartenschlag- und -bindemaschinen; Weberschiffchen.

887 Strick-, Wirk- und Verlitschmaschinen . . . . (G. T. Fr. 15)   **10**

Ad. 887. Flechtmaschinen, Klöppelmaschinen.

888 Stickmaschinen; Fädelmaschinen **10**

Ad. 888. Bobbinenwickelmaschinen; Kreuzspulwickelmaschinen; Tüchliapparate (Rähmchenapparate zum Besticken von Taschentüchern).

889 Nähmaschinen und fertige Teile von solchen; Oberteile und deren fertige Teile
(G. T. Fr. 20)   **8**

Ad 889. Hohlsaumnähmaschinen; Knopflochnähmaschinen; Nähmaschinendeckel und -tischblätter, letztere mit Einschnitten und Bohrlöchern versehen.

890 Maschinen für den Buchdruck und andere graphische Gewerbe; Buchbindereimaschinen . . . . (G. T. Fr. 6)   **2**

Ad 890. Bücherpreßmaschinen; Gießapparate für Buchdruckerwalzen; Heftmaschinen; Kartonwickelmaschinen; [Kopier- und] Stempelpressen; Lithographiesteine, montierte (in Eisenschienen usw. gefaßt), fertig zum Einsetzen in die Presse, jedoch ohne Zeichnungen (siehe auch ad Nr. 605/606) [1]), Papierfalzmaschinen; Papierschneidemaschinen für Buchbindereien, Buchdruck und andere graphische Gewerbe; Steindruckpressen, autographische (Lithographiepressen); Trockenplatten-Gießmaschinen.

aus
891 Ackergeräte wie [Pflüge, Eggen] Kultivatoren, [Ackerwalzen] ,Mottenbrecher, usw.
(G. T. Fr. 8)   **7**

aus ad 891. Heuwender und sogenannte Pferderechen, auf Räder montiert; Pflugräder, schmiedeeiserne, auch mit gegossener Nabe; Stahlzähne für Eggen, gleichzeitig mit anderen Teilen einer Egge eingeführt.

892 Hauswirtschaftliche Maschinen . . . . (G. T. Fr. 8)   **6**

Ad 892. Apfelschäl- und Apfelschnitzmaschinen; Auswindmaschinen; Buttermaschinen; Flaschenwaschmaschinen; Fleischhackmaschinen; Früchtepreßmaschinen; Honigschleuder; Messerputzmaschinen; Waschmangen (Kalander); Waschmaschinen für Handbetrieb.

Landwirtschaftliche Maschinen, im allgemeinen Tarif nicht anderweit genannt:
893a Pflanzenspritzapparate, Siebemaschinen und Sortiermaschinen (Trieurs) für Getreide und Sämereien; Milchzentrifugen; Wetterschießapparate (Hagelkanonen und -mörser) . . . . (G. T. Fr. 8)   **4**

---

*) *Dieses lautet: Bei Waren, die zur Verhütung der Oxydation mit einem farblosen Firnis überzogen wurden, bleibt dieser Überzug außer Betracht.*

[1]) Hierunter fallen Lithographiesteine, nicht montiert, während montierte Lithographiesteine unter Nr. 890 fallen.

Zollsatz
in Francs
für 100 kg

893b   andere . . . . (G. T. Fr. 8)   **7**

Ad 893b. Dresch-, Mäh- und Säemaschinen ohne Dampfbetrieb (siehe auch die Nr. 894/898d); Futterschneidemaschinen mit oder ohne montierte Messer; Jauchepumpen mit Handbetrieb; Milchkühlapparate; Obst-
pressen; Pflanzenspritzapparate; Schleifsteine aller Art, montiert, d. i. in Stühlen (nicht montiert, siehe
ad Nr. 603 [1]); Traubenpressen; Trieure; Weinerwärmungsapparate; Zähne für Dreschmaschinen.

NB. ad 893b. Messer für Mähmaschinen und Häckselmesser für Futterschneidemaschinen werden nach
Tarif-Nr. 757/760 als Werkzeuge mit **13, 15, 18** oder **23 Fr.** je nach Gewicht verzollt.

Maschinen für die Herstellung und Verarbeitung von Papierstoff und Papier; für Färberei, Zeugdruck, Bleicherei und Appretur
Müllereimaschinen; Porzellanwalzen, mit und ohne Stuhlung

Ad 894/898b. Elevatorbecher aller Art (hartlederne, siehe ad Nr. 185 [2]); Getreideaspiratoren, Getreidesepara-
toren, Getreidereinigungsmaschinen mit Schlägern, Bürsten usw., Getreidewasch- und -trockenmaschinen,
usw.; Magnetische Apparate zum Ausscheiden von Eisenteilen aus dem Getreide.

Wasserkraft- und Winddruckmaschinen; Pumpen

Ad 894/898c. Luftdruck- und Wasserturbinen; Ventilatoren.

Dampfmaschinen, feststehend; Dampflokomobilen; Dampfbagger; Dampfhämmer; Dampfkrane; Dampframmen; Dampfspritzen; Dampfpflüge; Dampfdresch- und Dampfmähmaschinen; Dampfwalzen; Dampfturbinen
Gas-, Petroleum-, Benzin-, Heißluft-und Druckluft-Maschinen, sowie andere Krafterzeugungsmaschinen

Ad 894/898e. Gasselbstzünder.

Werkzeugmaschinen zur Bearbeitung von Metallen, Holz, Stein usw.

Ad 894/898f. Bohrmaschinen; Glasschneidemaschinen; Hebelscheren (siehe auch ad Nr. 757/760 [3]).

Maschinen für die Herstellung und Bearbeitung von Nahrungsmitteln; Kältemaschinen: Kühlanlagen; Luftkompressoren

Ad 894/898g. Apparate für Fabriken künstlicher Mineralwasser; Brauerei- und Brennerei-Apparate und
-Maschinen (siehe auch Nr. 882); Bierpumpen (Pressionen), Braupfannen, Kühlschiffe für Brauereien;
Filtrierapparate aus Steingut; Luftkessel für Bierpressionen; Pasteurisierapparate (Sterilisierapparate);
Teigwarenpressen.

NB. ad 894/898g. Alle vorstehend genannten Maschinen und Apparate aus anderen Metallen als Eisen
fallen unter die Nr. 882.

Maschinen für die Fabrikation von Ziegeln, Backsteinen, Zement usw.

Ad 894/898h. Betonmaschinen; Formen für Kunststeinfabrikation; Sand- und Kieswaschmaschinen;
Steinauslesemaschinen; Ziegelpressen.

Maschinen und mechanische Geräte aller Art, im allgemeinen Tarif nicht anderweit genannt, sowie bearbeitete Teile von Maschinen und mechanischen Geräten, im allgemeinen Tarif nicht anderweit genannt

Ad 894/898i. Apparate für technische Etablissements, wie Glasfabriken usw.; Apparate zur Azetylenerzeugung;
Baggermaschinen; Blasebälge für den Schmiedegebrauch; Bleistiftschärfemaschinen; Brückenwagen;
Douscheapparate mit Pumpwerk; Dynamometer (Kraftmesser); Eisbrechmaschinen; Feldschmieden;
Feuerlöschapparate (sog. Extinkteure); Feuerwehrleitern, mechanische, mit dazugehörigem Wagen,
bemalt oder nicht bemalt; Flaschenzüge; Holzmodelle für Gießereien; Hydranten; Kettenrollen; Klosett-
apparate aus Eisenguß, mit Kupfer- oder Messingteilen, ohne Schale; Kniehebelzangen (Kranzangen);
Krane; Laufkatzen; Laufwinden; Luftballons, mit oder ohne Zubehör (siehe auch ad 1164 [4]); Luftbefeuch-
tungsanlagen; Maschinen, gebrauchte, sofern dieselben nicht vor der Einfuhr zerschlagen oder sonstwie
unbrauchbar gemacht werden (siehe auch ad Nr. 711 [5]); Riemenscheiben; Seilrollen; Selbstöler aller Art;
Sohlenschraubmaschinen; Stanzmesser; Stöpselmaschinen (Bouchiermaschinen); Wagen aller Art (De-
zimal-, Zentesimal- und Lastwagen usw.), Wasserwagen und Weinwagen ausgenommen (siehe ad Nr. 947 [6]
und ad Nr. 949); Wasch- und Spülmaschinen mit mechanischem Antrieb; Wellenböcke; Winden.

NB. ad 894/898i. Die bei Nr. 882 besonders genannten Kessel und Apparate aus anderen Metallen als
Eisen fallen unter jene Tarifnummer.

- - - - - - - - - - -

1) Schleifsteine, ohne Stuhlung, sind nach Nr. 603 — Zollsatz **0.50 Fr.** — zu tarifieren.

2) Zollsatz der Nr. 185: **35 Fr.**

3) Blechscheren ohne Hebelvorrichtung werden als Werkzeuge nach Nr. 757/760 mit **13, 15, 18** oder **23 Fr.** je nach
Gewicht verzollt.

4) Nr. 1164 behandelt Gegenstände zu wandernden Schaustellungen — Zollsatz **0.40 Fr.**

5) Unter Nr. 711 fällt Bruch- und Alteisen — **zollfrei.**

6) Weinwagen sind nach Nr. 947 — Zollsatz **16 Fr.** — zu tarifieren.

Zollsatz
in Francs
für 100 kg

das Stück im Gewichte von:

894c	50 000 kg und darüber	(G. T. Fr. 8)	5
894d	10 000 bis auf 50 000 kg	(G. T. Fr. 8)	6
895b	2500 bis auf 10 000 kg	(G. T. Fr. 10)	7
896b	500 bis auf 2500 kg	(G. T. Fr. 12)	8

das Stück im Gewichte von:

897b	100 bis auf 500 kg	(G. T. Fr. 16)	12
898b	weniger als 100 kg	(G. T. Fr. 20)	16

> NB. Ventile und Hähne aus Rotmetall oder Messing, siehe NB. ad Nr. 833/837 [1]).
>
> NB. ad 894/898. Als Werkzeugmaschinen sind nur solche Maschinen zu betrachten, welche dazu dienen, Arbeitstücke aus Eisen und anderen Metallen, aus Holz usw. in Schreinereien, Walzwerken, Schlossereien, mechanischen Werkstätten, Maschinenfabriken usw. zu bearbeiten. Unter die Werkzeugmaschinen fallen u. a.: Hobel-, Bohr-, Fräs-, Stanz-, Scher-, Schneid-, Schleif- und Walzmaschinen; ferner Dreh- und Zugbänke, Formmaschinen, mechanische Hämmer, Pressen, Sägen.

Walzen, Platten und Klischees aller Art für den Buch- und Kunstdruck, Zeugdruck usw., Lithographiesteine ausgenommen:

900	nicht graviert	2
	graviert:	
901	für den Zeugdruck	4
902	andere	30

> [Ad 902. Photographische Negative, Positive und Projektionsbilder auf Glas und Gelatine.]

903 [Treibriemen aller Art, mit Ausnahme solcher aus Leder oder Kautschuk]   (G. T. Fr. 30)   **20**

> Ad. 903. Selfaktorschnüre, Spindelsaiten, aus Baumwollgarn, von 8 mm Dicke und darüber (siehe auch ad Nr. 425 [2]).

904 Kratzen und Kratzenbeschläge. . . . . (G. T. Fr. 30)   **20**

Feuerspritzen siehe ad Nr. 905; Latrinenreinigungsapparate ebenda (Zollsatz 8 Francs.)

> Maschinen- und Häckselmesser, die als Teile von Mäh- und Futterschneidemaschinen erkannt werden können, werden wie die genannten Maschinen verzollt (siehe Nr. 760).

Modelle von Messing siehe Nr. 833 bis 837 [3]).

Zähne für Webeblätter siehe ad 809 [4]) und Nr. 833 [4]).

Zentralweichenstellapparate siehe ad 736 [5]).

> NB. Gewerblich-technische Instrumente und Apparate, welche nachweislich für öffentliche Sammlungen und Unterrichtsanstalten eingehen, werden auf vor der Einfuhr eingeholte Erlaubnis der zuständigen Zollgebietdirektion zollfrei zugelassen (Art. 7, lit. k des Zolltarifgesetzes).

948 Gasmesser; Kassenkontrollapparate; [Rechenmaschinen] **20**

> Ad. 948. Dienstkontrolluhren; Geschwindigkeitsmesser (Tachometer) aller Art; Manometer; Reduzierventile mit Manometer; [Schreibmaschinen].
>
> NB. ad 948. Gasuhren = Gasmesser.

949 Wassermesser **12**

> Ad. 949. Wasserwagen.

Zolltechnische u. a. Bestimmungen allgemeiner Art.

M ü n z e n: 1 Franc = 100 Centimes (Rappen) = 0,81 ℳ

M a ß e u n d G e w i c h t e: Metrische.

Deutschland genießt die Meistbegünstigung.

Alle Gewichtzölle werden, sofern das Gesetz nichts anderes bestimmt, vom R o h g e w i c h t erhoben. Bei der Gewichtsermittelung für die Zollerhebung dürfen Bruchteile eines Kilogramms, die weniger als $^1/_2$ kg betragen, nicht als ganzes Kilogramm gerechnet werden.

B e k a n n t m a c h u n g b e t r. d i e H a n d e l s t a t i s t i k: Vom 1. Januar 1908 an werden nur solche Einfuhrdeklarationen der Kat. XII Pos. 879 bis 1904 des Gebrauchtarifs vom 1. Januar 1906 angenommen, die außer den laut Tarif bereits verlangten Angaben auch d i e W e r t a n g a b e franko Schweizergrenze (unverzollt) enthalten.   (Oberzolldirektion v. 4. 10. 1907.)

---

1) Ventile und Hähne dieser Art, nicht als integrierende Bestandteile von Maschinen gleichzeitig mit diesen eingehend, sind als Kupferwaren zu verzollen.

2) Unter 8 mm Dicke bedingt Verzollung nach Nr. 425 als Netze — Zollsatz 30 M. —.

3) Verzollung als Kupferwaren je nach Beschaffenheit.

4) Verzollung als Eisen- oder Kupferwaren je nach Beschaffenheit.

5) Verzollung als Eisenbahnmaterial — Zollsatz 4 Fr.

Serbien.

Zolltarif vom 31. März (a. St.) 1904.

Zollsatz
in Dinar
für 100 kg

545 Winden und Hebezeuge, auch mit Ketten, falls solche nicht abnehmbar sind . . **30**
frei

634 Bussolen, Kompasse, Zirkel, [Rechenmaschinen, Schreibmaschinen]; Schrittzähler und ähnliche Taschenzählwerke ohne Uhrwerke; selbsttätige Meß- und Registriervorrichtungen ohne Uhrwerke; Präzisionswagen, selbsttätige Wagen und selbsttätige Verkaufsvorr'chtungen; alle diese, soweit sie nicht durch ihre Verbindungen mit anderen Stoffen unter höhere Zollsätze fallen **300**

635 Dampfkessel mit allem Zubehör, für feststehende und fortzubewegende Dampfmaschinen **6**

636 Dampfmaschinen, feststehende und fortzubewegende: Lokomobilen, Lokomotiven und Tender, Dampfturbinen, Dampfdraisinen sowie überhaupt alle Maschinen mit Dampfbetrieb; Maschinen, die m't flüssigem Heizmaterial (Naphtha, Petroleum, Benzin, Gasolin usw.) geheizt werden, und alle Maschinen, deren Motore durch andere Kraft getrieben werden (mit Ausnahme der Dynamomaschinen und Elektromotoren); mechanische Hämmer, Schiffsmotoren, hydraulische Motoren mit Kolben, Turbinen, Wasserräder und große Ventilatoren für Fabriken; alle diese zusammengesetzt oder zerlegt, sowie auch Ersatzteile dazu **12**
frei

637 Landwirtschaftliche Maschinen:

1. Dreschmaschinen und Dampfpflüge **8**
frei

2. Mähmaschinen für Getreide und Gras, Maschinen zum Ausstreuen von zerkleinertem und gepulvertem Dünger, zum Sortieren von Samen und anderen Erzeugnissen, Säemaschinen, Weinpressen usw. **10**
frei

638 Maschinen zur Bearbeitung von Metallen, Steinen oder Hölzern, wie Hobel- und Bohrmaschinen, Drehbänke, Fräs-, Säge- und Schleifmaschinen usw. **6**
frei

> Anmerkung 1. Die Verbindung der Maschinen mit anderen Stoffen bleibt auf die Verzollung ohne Einfluß. Als Maschinenteile werden nur solche Gegenstände angesehen, die ausschließlich zum Betriebe der Maschinen dienen.
>
> Anmerkung 2. Der Finanzminister kann im Einvernehmen mit dem Minister für Volkswirtschaft entsprechend dem Umfang, in welchem einzelne Maschinen und Apparate im Lande selbst hergestellt werden, auf solche Maschinen einen Zuschlagzoll bis zu 20 vH. vom Wert legen, den die Skuptschina nachträglich zu genehmigen hat.

639 Näh-, Strick- und Stickmaschinen, Maschinen zur Herstellung von Spitzen, Trikots, Tüll, sowie Teile solcher Maschinen; alle Maschinen für die Textilindustrie; Webstühle, Kalander, Maschinen zum Walzen, Haspeln, Pressen, Trocknen usw.; Maschinen für Mühlen, Brauereien, Zementfabriken, Ziegeleien, keramische Fabriken, Druckereien, Gerbereien und andere Industrien, Papierfabriken usw. . . . **8**

Näh-, Strick- und Stickmaschinen, Maschinen zur Herstellung von Spitzen, Wirkwaren und Tüllen; Bestandteile solcher Maschinen *5*
Alle Maschinen für die Textilindustrie; Webstühle, Kalander, Maschinen zum Walzen, Krempeln, Haspeln, Pressen, Gauffrieren, Trocknen usw.; Maschinen für die Müllerei, Brauerei, Zement-, Ziegel- und Tonwarenfabrikation, Buchdruckerei, Gerberei und alle anderen Industrien, Maschinen zur Papierfabrikation usw.; einzelne Teile aller dieser Maschinen . . . . *frei*

640 Dampf- und hydraulische Pressen, sowie andere Pressen für Industriezwecke, mit Hand- oder Motorbetrieb jeder Art; Feuerspritzen, Pumpen **6**

641 Maschinen und Apparate, anderweit nicht genannt oder inbegriffen **20**
6

> Anmerkung. Alle kompletten Maschinen, welche zusammengesetzt oder zerlegt nebst Ersatzteilen eingehen, werden nach den für Maschinen festgesetzten Zollsätzen verzollt. Allein eingeführte Ersatzteile unterliegen der Verzollung nach Beschaffenheit des Materials.

Spindeln aller Art, Spulen, Weberblätter und Weberblätterzähne, Weberlitzen, Weberlitzenringe (maillons) und ähnliche Gegenstände für Webstühle, wenn sie nicht mit den Maschinen als deren Ersatzteile eingehen **30**

Zolltarifentscheidungen.

Instrumente, Werkzeuge und andere Gerätschaften, die von behufs Ausübung ihres Berufes vorübergehend in Serbien anwesenden Personen eingeführt wurden, sind **zollfrei** (ohne Sicherheitstellung) zu belassen. (Runderlaß des Finanzministers vom 12./25. Mai 1906.)

Zolltechnische u. a. Bestimmungen allgemeiner Art.

Münzen: 1 Dinar = 100 Para = 0,81 ℳ.
Maße und Gewichte: Metrische.

Deutschland genießt die Meistbegünstigung.

Die Zölle und Gebühren sowie alle anderen Abgaben, die auf Grund von Sondergesetzen bei den Zollämtern zu zahlen sind, werden in Gold oder in Silber nebst dem vom Finanzminister zu bestimmenden Aufgeld (Agio) entrichtet.

Die Gewichtzölle werden nach dem Rohgewicht erhoben:

a) wenn der Tarif dies ausdrücklich vorschreibt

b) bei Waren, für die der Zoll 10 Dinar für 100 kg nicht übersteigt.

In allen anderen Fällen wird der Zoll nach dem Reingewicht erhoben.

Zollfrei sind Muster sowie Abschnitte und Proben, die für andere Zwecke denn als Muster nicht verwendbar sind.

———

Außer dem Zoll werden, soweit nicht durch besondere Gesetze anderweite Bestimmungen getroffen werden, bei der Einfuhr noch folgende Gebühren erhoben:

1. Die Stempelgebühr im Betrage von 0,05 Dinar für jedes Zollblei, jeden Zollstempel und jedes Zollsiegel.

2. die Ladegebühr, und zwar:

a) für das Heranschaffen der Waren zur Besichtigung sowie zur Feststellung des Roh- und Reingewichts, für die Fortschaffung der besichtigten Packstücke an die dafür bestimmten Stellen, für die Beförderung der Waren in höhere Stockwerke oder von diesen zurück nach unten 0,20 Dinar für 100 kg Rohgewicht,

b) für die Besichtigung von Eisenbahnwagenladungen und das Verwiegen der Eisenbahnwagen auf der Brückenwage, unter Ausladung eines mehr oder weniger großen Teiles der Waren 0,10 Dinar für 100 kg (Rohgewicht),

c) für Waren, die im Eisenbahnwagen ohne Ausladung besichtigt werden, mit oder ohne Verwiegen auf der Brückenwage 0,05 Dinar für 100 kg (Rohgewicht);

3. das Pflastergeld als Gemeindegebühr bis zur Regelung dieser Gebühr durch ein besonderes Gesetz, und zwar:

a) 0,50 Dinar für 100 kg bei solchen Waren, für die mehr als 100 Dinar Zoll für 100 kg zu entrichten sind,

b) 0,30 Dinar für 100 kg bei solchen Waren, für die 50 bis 100 Dinar Zoll für 100 kg zu entrichten sind,

c) 0,20 Dinar für 100 kg bei solchen Waren, für die 10 bis 50 Dinar Zoll für 100 kg zu entrichten sind,

d) 0,10 Dinar für 100 kg bei solchen Waren, die zollfrei sind, oder einem Zoll bis 10 Dinar für 100 kg unterliegen.

4. Die statistische Gebühr, und zwar:

a) 0,10 Dinar für jedes Packstück, in welchem sich verschiedenartige Waren befinden,

b) 0,10 Dinar für 1000 kg gleichartiger Waren, ohne Rücksicht auf die Zahl der Packstücke,

[c) 0,10 Dinar für 1 cbm bei solchen Waren, die nach Kubikmeter gekauft und verkauft werden,

d) von lebendem Vieh und Geflügel 0,10 Dinar für jede Sendung.]

Anmerkung: Mengen unter 1000 kg sowie ein Raumgehalt unter 1 cbm werden als volle 1000 kg oder 1 cbm gerechnet.

Von den in diesem Artikel aufgeführten Gebühren sind — mit Ausnahme der unter Punkt 3 genannten Gebühr für Gegenstände, welche nach Artikel 6 zollfrei sind — Durchfuhrwaren befreit.

Spanien.

Offizielle Zolltarifausgabe nach der „Gaceta de Madrid" vom 31. März 1906 (in Kraft getreten am 1. Juli 1906).

		Zollsatz in Pesetas für 100 kg	
		Erster Tarif	Zweiter Tarif
523 Schreibmaschinen und einzelne Teile für solche . . . . für 1 kg		8	8
538 Landwirtschaftliche Maschinen[60] [61] [62] . . . . Rohgewicht		10	10
539 Dampf- und Gasmaschinen, feststehend, ohne Kessel und Schwungräder sowie deren Teile[63] . . . . Rohgewicht		35	—
bis 10 000 kg einschließlich			*35*

60) 61) 62) und 63) s. S. 43.

Zollsatz
in Pesetas
für 100 kg
Erster Tarif   Zweiter Tarif

von 10 001 kg bis 25 000 kg einschließlich *30*

von 25 001 kg und darüber *20*

Anmerkung zu Tarif Nr. 539. Alle Dampfturbinen fallen hierunter.

	Erster Tarif	Zweiter Tarif
540 Zylinder-Dampfkessel . . . . Rohgewicht	**18**	—
Dampfgeneratoren, cylindrische, sowie nicht anderweit genannte Dampfkessel		*15*
541 Dampfkessel mit vielen Röhren, Gaserzeuger und deren Teile[63]) Rohgewicht	**25**	**20**
542 Dampf- und Gasmaschinen, halbfeststehend (semifijas), mit ihren Kesseln; Petroleummaschinen, Druckluft- und andere ähnliche Maschinen sowie deren Teile, mit Ausnahme der Schwungräder[63]) . . . . Rohgewicht	**40**	**40**
543 Schwungräder für Maschinen aller Art . . . . »	**12**	**12**
544 Für sich eingehende Walzenzylinder zum Walzen von Eisen und Stahl Rohgewicht	**6**	**6**
545 Krane, feststehend und schwimmend, sowie deren Teile[63]) . Rohgewicht	**20**	**20**
546 Pumpen aller Art und deren Teile, mit Ausnahme der Schwungräder[63]) Rohgewicht	**30**	**25**
547 Lokomotiven [und Tender für Lokomotiven] im Gewicht von mehr als 35 t[63]) Rohgewicht	**20**	**20**
548 Desgleichen bis 35 t im Gewicht, Schiffsdampfmaschinen, Lokomobilen und Teile für beide[63]) . . . . Rohgewicht	**35,20**	**35,20**
550 Hydraulische Motoren und deren Teile[63]) . . . . »	**20**	**17**

---

60) Als landwirtschaftliche Maschinen, die unter Tarif-No. 538 fallen, sind diejenigen zu verstehen, welche der Landmann oder Ackerbauer zum Bearbeiten des Bodens, zum Ernten von Früchten und zu deren Reinigung sowie zum Auspressen von Weintrauben und Oliven verwendet.

61) Die Triebwerke und Göpel der landwirtschaftlichen Maschinen fallen unter Tarif-No. 538 unter der Bedingung, daß der Einführer vorher deren ausschließliche Verwendung in landwirtschaftlichen Betrieben nachweist.

62) Eigentümer und Pächter, welche die Vergünstigungen des Gesetzes vom 3. Juni 1868 genießen, zahlen bei der Einfuhr von Geräten, Werkzeugen und Maschinen zum ausschließlichen Gebrauch für die Landwirtschaft den Zollsatz von 1 Peseta für 100 kg.

Zu diesem Zwecke hat der Einführer sich zu verpflichten, die höheren Tarifzölle zu entrichten, wenn er innerhalb eines angemessenen von dem Zollamte näher zu bestimmenden Zeitraumes nicht eine Bescheinigung des Orts-Alkalden beibringt, in welcher, unter Angabe der technischen Bezeichnung, der Klasse und des Gewichtes der Geräte, Instrumente und Maschinen, bezeugt wird, daß letztere in den betreffenden landwirtschaftlichen Anlagen Aufstellung gefunden haben, sowie ferner eine weitere Bescheinigung der zuständigen Behörde, in welcher bezeugt wird, daß die in Betracht kommende landwirtschaftliche Anlage sich im Genusse der Vergünstigungen des vorgedachten Gesetzes befindet. Werden diese beiden Bescheinigungen nicht beigebracht, so sind die Zölle nach den entsprechenden Nummern dieses Tarifes zu erheben.

63) Bei der Beurteilung der Maschinenteile sind nachstehende Regeln zu befolgen:

    1. Unter einzelnen Maschinenteilen versteht man jeden nicht ausdrücklich unter seinem Namen in einer Nummer des Tarifs aufgeführten Gegenstand, welcher durch seine Form und durch die Umstände, unter denen er den Zollämtern zur Abfertigung vorgewiesen wird, auch wenn er nicht völlig fertig ist, ausschließlich dazu bestimmt ist, einen Teil einer Maschine zu bilden und keine andere Verwendung finden kann, so daß er im Falle seiner Vollendung als Maschinenteil zu einer der für Maschinen bestehenden Tarifnummer zu rechnen wäre.

    2. Röhren, Stangen, Achsen, Schrauben, Platten, Bleche, Kesselböden, Draht und andere im Tarif ausdrücklich aufgeführte Gegenstände müssen immer nach den Tarifnummern, in welche sie gehören, verzollt werden, auch wenn sie zu Maschinen bestimmt sind.

    3. Wenn Schläuche, Filter, Tücher oder Lappen aus Wolle, Leinen, Baumwolle oder anderen Spinnstoffen, die im Fabrikbetriebe gebraucht werden, als Maschinen verzollt werden sollen, so ist nötig, daß die Industrie oder Fabrik, für die sie bestimmt sind, dies bescheinigt.

    4. Geräte, Werkzeuge und Utensilien, welche im Handwerk und in der Industrie gebraucht werden, dürfen nicht als einzelne Teile von Maschinen angesehen werden und unterliegen den Zöllen der den Materialien, aus welchen sie bestehen, entsprechenden Nummern.

Zollsatz in Pesetas
für 100 kg
Erster Tarif Zweiter Tarif

	Erster Tarif	Zweiter Tarif
551 Maschinen [und Apparate] aus Kupfer und dessen Legierungen für gewerbliche Zwecke sowie einzelne Teile aus denselben Metallen für Maschinen aller Art[63] [64] . . . . Rohgewicht	80	80
552 Nähmaschinen von jedem Gewicht und Stickmaschinen bis zu 40 kg im Gewicht[63] [65] . . . . Rohgewicht	70	70
553 Strickmaschinen im Gewicht bis zu 70 kg und deren Teile[63] [65] Rohgewicht	60	—
Wirk- und Strick-(Häkel-)Maschinen bis einschl. 70 kg Gewicht sowie einzelne Teile		*60*
554 Andere Stick- und Strickmaschinen und deren Teile[63] [65] . Rohgewicht	40	—
Wirk- und Strickmaschinen im Gewichte von mehr als 70 kg sowie einzelne Teile		*30*
555 Maschinen, soweit sie nicht aus Kupfer sind, zur Verwendung in der Textilindustrie, sowie deren Teile[63] . . . . Rohgewicht	20	18,50
556 Werkzeugmaschinen zur Bearbeitung von Metallen, Holz und Steinen im Gewicht bis zu 500 kg einschließlich, und deren Teile[63] . Rohgewicht	25	25
557 Desgleichen von 501 kg und darüber[63] . . . . »	20	20
558 Andere Maschinen, anderweit nicht aufgeführt, sowie deren Teile[63] Rohgewicht	22	22
Maschinen zur Papierfabrikation, Eismaschinen, Maschinen für die Müllerei, Maschinen zum Mahlen von Tonmassen sowie deren Teile . .		*18,50*

Anmerkung zu Tarif-No. 558:

1. Als Maschinen zur Papierfabrikation werden auch solche behandelt, die zur Aufnahme des Papierstoffes und zur Herstellung der Rollen oder Papierblätter dienen.

2. Als Maschinen für die Müllerei werden solche behandelt, die in den Mühlenwerken zum Reinigen und Mahlen der Körner sowie zum Beuteln und Sortieren der Mahlerzeugnisse verwendet werden.

3. In keiner der unter dieser Nummer genannten Maschinenarten sind die Motoren oder die Hilfsapparate inbegriffen.

	Erster Tarif	Zweiter Tarif
559 Kratzenbeschläge (cintas para cardas) aus jedwedem Stoffe, Weberkämme und Schäfte für Webstühle . . . . für 1 kg	1	1

Zolltarifentscheidungen.

Laut Verordnung (real orden) vom 14. Januar 1907 sind T r e i b e r (Peckers = tacos) aus Leder oder Häuten für Webstühle nach Tarif-Nr. 489 und dergleichen andere, einschließlich der aus Kupfer und dessen Legierungen, nach Tarif-Nr. 555 zu verzollen.

Laut Verfügung der Generalzolldirektion vom 22. Januar 1907 sind f o r t s c h a f f b a r e B a h n e n d e s S y s t e m s » A r t h u r K o p p e l «, ähnlich den Bahnen des Systems »Decauville«, wie letztere nach Tarif-Nr. 80 (Mindestsatz **7** Peseten für 100 kg Reingewicht) zu verzollen, ausgenommen die Schrauben, Krampen, Hakennägel und hölzernen Schwellen, die nach den Tarifnummern, unter denen sie namentlich genannt sind, zollpflichtig sind.

Z o l l f r e i e W i e d e r e i n f u h r v o n P u m p e n u n d A p p a r a t e n
z u r B e r g u n g v o n S c h i f f e n :

Gemäß Verordnung (real orden) vom 30. September 1907 ist die 6. allgemeine Bestimmung zum Zolltarif dahin ergänzt worden, daß auch »Pumpen und Apparate zur Bergung von Schiffen«, die nach dem Ausland ausgeführt werden, bei der Wiedereinfuhr **zollfrei** sind, sofern die Ausfuhr durch Ausfuhrfakturen nachgewiesen wird, welche genaue Angaben über die auszuführenden Apparate enthalten, und sofern sich bei der Wiedereinfuhr Übereinstimmung ergibt. (Gaceta de Madrid vom 3. Oktober 1907.)

Zolltechnische u. a. Bestimmungen allgemeiner Art.

M ü n z e n : 1 Peseta = 100 Centimos = 0,81 *ℳ.*

M a ß e u n d G e w i c h t e : Metrische.

---

[63] s. S. 43.

[64] Unter diese Tarifnummer gehören auch die einzelnen Teile aus Kupfer oder Kupferlegierungen mit Teilen aus anderen Stoffen, sofern die gedachten Metalle im Gewichte vorherrschen.

[65] Der Zollsatz dieser Tarifnummer ist auf die Maschinen, so wie sie zur Zollabfertigung vorgeführt werden, oder einschließlich des Gewichts der Tische, Unterlagen oder Platten, auf denen sie befestigt sind, anzuwenden.

Deutschland genießt die Meistbegünstigung.

Die Zölle werden in Gold erhoben.

Die Verzollung findet im allgemeinen nach R e i n g e w i c h t statt und erfolgt bei Artikeln aus zwei oder mehr Materialien nach folgenden Grundsätzen:

    a) In den im Zolltarif nicht vorgesehenen Fällen, und wenn der Wert des Gegenstandes durch das Material der Außenseite (material exterior) bestimmt wird, ist die Verzollung nach derjenigen Tarifnummer zu vollziehen, die dem letztgedachten Material entspricht.

    b) Die Gegenstände, die infolge ihrer Beschaffenheit und Verwendung aus zwei verschiedenen Materialien bestehen, wie z. B. Werkzeuge, sind nach demjenigen Material zu verzollen, welches dem Gewichte nach vorherrscht.

Muster ohne Handelswert sind **zollfrei,** die Muster von Metallkabeln nur dann, wenn sie nicht länger als 8 cm sind.

Unter gewissen Voraussetzungen **zollfreie** Gegenstände:

1. Wissenschaftliches Material, welches ausdrücklich für die ausschließlich von dem Staate unterhaltenen Lehranstalten bestimmt ist,

2. Gegenstände aller Art, die zur Bildung von ständigen Handelsmuseen bestimmt sind, welche von Handelskammern oder anderen ähnlichen gesetzlich errichteten Körperschaften gegründet werden.

Türkei.

N i c h t   b e s o n d e r s   a u f g e f ü h r t e   W a r e n unterliegen einem Wertzolle von **8 vH.** Hierzu soll nach der unterm 25. April 1907 mit den Traktatsmächten in Konstantinopel getroffenen Vereinbarung vom 25. Juni 1907 ab ein Zuschlag in Form einer E r h ö h u n g   u m 3 vH. d e s W e r t e s für die Dauer von 7 Jahren zur Erhebung gelangen.

Landwirtschaftliche Geräte für die Dauer von 10 Jahren[1]) . . . . **frei**

Maschinen für die erste Einrichtung von Fabriken . . . . **frei**

Zolltechnische u. a. Bestimmungen allgemeiner Art.

M ü n z e n : 1 Goldmedschidie = 100 Goldpiaster = 18,45 $\mathcal{M}$. 1 Silbermedschidie = 3,40 $\mathcal{M}$.

---

1) Gerechnet vom 4./17. August 1901 ab und zwar für nachstehende [Geräte und] Maschinen:

    Pflüge, auch ohne Räder (charrue und araire), aller Art.

    Mähmaschinen mit und ohne Bindevorrichtung.

    Wiesenmähmaschinen.

    Hungerharken.

    Heuwender.

    Futterpressen.

    Eggen.

    Kleine Pflüge (houe à cheval) aller Art.

    Dreschmaschinen für Hand-, Wasser- oder Dampfkraft.

    Lokomobilen für Dreschmaschinen.

    Göpelwerk für Dreschmaschinen.

    Dampfpflüge.

    Walzen und Troskillwalzen.

    Messereggen.

    Säemaschinen.

    Düngerstreumaschinen.

    Fegemühlen für Hand-, Wasser-, Dampf- oder Pferdebetrieb.

    Getreide-Sortiermaschinen für Hand-, Wasser-, Dampf- oder Pferdebetrieb.

    Maschinen zum Auskörnern von Mais für Hand-, Wasser-, Dampf- oder Pferdebetrieb.

    Reisabschälmaschinen für Hand-, Wasser-, Dampf- oder Pferdebetrieb.

    Häckselschneidemaschinen für Hand-, Wasser-, Dampf- oder Pferdebetrieb.

    Schrotmühlen und Quetschmaschinen für Hand-, Wasser-, Dampf- oder Pferdebetrieb.

    Wurzelschneidemaschinen für Hand- und Pferdebetrieb.

    Pflüge für Knollengewächse und Zuckerrüben für Pferdebetrieb.

    Pulverisatoren.

    Rahmscheidemaschinen für Hand-, Göpel-, Wasser- und Dampfbetrieb.

Amerika.

Argentinien.

Offizielle Zolltarifausgabe nach dem Boletin oficial vom 23. Dezember 1905.

Zollsatz
vom Wert
vH.

Nicht besonders aufgeführte Waren unterliegen einem Wertzolle von **25 vH.**
Die einem Zollsatze von 10 vH. oder mehr unterworfenen Waren unterliegen einem Zuschlage von 2 vH. des Warenwertes.

Dreschmaschinen, mit Dampf- oder Pferdebetrieb, mit oder ohne Motor, und mit oder ohne Schutzdecke oder wasserdichte Decke, sowie Ersatzteile für dieselben	frei
Dampfmaschinen zum Entkörnen oder Enthülsen, mit oder ohne Motor, mit oder ohne Schutzdecke oder wasserdichte Decke, sowie Ersatzteile für dieselben	frei
Desinfektionsöfen	frei
Heupressen	5
Kessel für Schiffe, wenn sie von Reedern eingeführt werden	frei
Landwirtschaftliche Maschinen mit oder ohne Motor und deren Ersatzteile	5
Lokomobilen und Ersatzteile für dieselben	frei
Maschinen im allgemeinen und deren Ersatzteile	5
Maschinen [und Röhren] für öffentliche Gas- und Elektrizitäts-Beleuchtungsanlagen, Wasserleitungsanlagen und Kanalisation	5
Maschinen zum Mähen, Binden der Garben und Ährenlesen, mit oder ohne Motor, mit oder ohne Sitz und mit oder ohne Schutzdecken oder wasserdichte Decken, sowie Ersatzteile für dieselben	frei
Maschinen für Zuckerraffinerien	frei
Maschinen »System Champion« und andere zum Abrunden der Landstraßen sowie deren Ersatzteile	5
Maschinen zur Herstellung von Gerbstoffauszügen	frei
Maschinen für Bergwerke	frei
Maschinen für Schiffe	frei
Maschinen für Buttererzeugung sowie deren Ersatzteile	frei
Maschinen, Zubehör und Materialien zur Errichtung von Fabriken für Baumwollengarn und Kammwolle	frei
Maschinen zum Reinigen der Baumwolle von dem Samen	frei
Motoren und Lokomobilen, für sich allein eingehend, mechanische Fortbewegungsmittel [Dreiräder und deren Ersatzteile]	5
Nähmaschinen und deren Ersatzteile	5
Schermaschinen mit oder ohne Motor und deren Ersatzteile	5
Schreib-, Rechen- und Registriermaschinen	5

Anmerkung. Die Ersatzteile aus jedwedem Metall oder Stoff und von jedweder Form und Beschaffenheit genießen, wenn sie als solche deklariert werden und nachweislich für die Maschinen, zu denen sie bestimmt sind, verwendet werden, die der fertigen Maschine gewährten Begünstigungen, mögen sie in dem Wertschätzungstarif aufgeführt sein oder nicht.

Als Ersatzstücke oder als wesentlicher Bestandteil der Maschine sind nicht zu betrachten Treibriemen aus jedwedem Stoff, die gewöhnlichen und englischen Schraubenschlüssel, Asbestpackungen, Ölkannen, Schrauben, Schraubenmuttern, Bolzen, Zapfen, Haken, Radbüchsen, Stifte, Ketten, Blockrollen, Spulen (canillas), Sägen, Ringe mit oder ohne Einlagen aus Stoff oder Metall, Deichseln (balancines) für Pferde, Schäfte (lanzas) und Filze aller Art.

Zolltarifentscheidungen.

Zollbehandlung von Maschinen-Ersatzteilen.

Gemäß Artikel 26 des Zollgesetzes genießen Maschinen-Ersatzteile aus jedwedem Metall oder Stoff und von jedweder Form und Beschaffenheit, wenn sie als solche angemeldet und nachweislich für die Maschinen verwendet werden, zu denen sie bestimmt sind, die in dem Zollgesetze der vollständigen Maschine gewährten Begünstigungen, mögen sie in dem Wertschätzungstarif aufgeführt sein oder nicht. Auf ein Gesuch verschiedener Firmen um Auslegung des genannten Artikels hat der Finanzminister unterm 23. Januar 1907 entschieden, daß die für Ersatzteile von Maschinen gewährten Begünstigungen sich nur auf den Einfuhrzoll, nicht aber auf die Wertschätzung (aforo) beziehen. Beispielsweise unterliegen derartige Ersatzteile aus Messing einem Zolle von 5 vH. des im Wertschätzungstarif mit 90 Centavos für 1 kg angegebenen Wertes, während für vollständige Maschinen im Gewichte von mehr als 1 t ein Schätzungswert von 15 Centavos in Frage kommt. (Boletin oficial vom 24. Januar 1907.)

Zolltechnische u. a. Bestimmungen allgemeiner Art.

M ü n z e n: 1 Goldpeso = 2,27 Papierpesos = 100 Centavos = 4,05 ℳ.

M a ß e u n d G e w i c h t e: Metrische.

Deutschland genießt die Meistbegünstigung.

Die Berechnung der Einfuhrzölle erfolgt nach dem W e r t s c h ä t z u n g s t a r i f oder nach dem Zolltarif unter Zugrundelegung des Wertes der Waren im Lager.

Die Berechnung der Zölle für die nicht in den Wertschätzungstarif eingeschlossenen Waren erfolgt auf Grund der in den Eingangserklärungen angegebenen und durch Vorlegung der Originalfakturen nachgewiesenen Werte.

Die im Tarif nicht aufgeführten Waren fremder Herkunft unterliegen dem für gleichartige Waren festgesetzten Zolle von dem Werte, den sie nach Angabe des Einfuhrhändlers im Lager haben. Falls die Waren zu keiner der im Tarif festgesetzten Klassen gehören, unterliegen sie dem allgemeinen Zolle von 25 vH. des Lagerwertes, den der Einfuhrhändler angibt.

Die Einfuhrzölle, die Ausfuhrzölle und die statistische Gebühr sind wie die im Tarif festgesetzten und die von den Interessenten zu machenden Wertangaben in gemünztem Gelde zu verstehen. Die Zölle können in Papiergeld mit ihrem Gegenwerte nach dem Verhältnisse bezahlt werden, wie das Konvertierungsgesetz Nr. 3871 bestimmt.

Die Berechnung des spezifischen Zolles erfolgt nach dem Gewichte der Ware mit Einschluß der unmittelbaren Umschließung bei Artikeln, die nach Gewicht verzollt werden und zwei oder mehrere Umschließungen haben, und nach Abzug der Tara nur bei Waren, deren Verpackung aus Holz besteht.

In den Fällen des Absatzes 4 und 5 sowie in allen anderen im Tarif genannten Fällen, in denen ein Wertzoll von nicht geschätzten Waren zu erheben ist, soll der vom Einfuhrhändler angegebene Wert den durch Originalfakturen nachzuweisenden Selbstkostenpreis im Herkunftshafen und außerdem die Kosten umfassen, die durch Fracht, Versicherung und andere gewöhnliche Ausgaben bis zum Eingange der Waren in die Niederlagen der Zollbehörden entstanden sind.

Bolivien.

Offizielle Zolltarifausgabe vom 31. Dezember 1905.

À l l e aus dem Auslande kommenden Natur- oder Gewerbserzeugnisse unterliegen bei der Einfuhr nach Bolivien einem Zoll von **30 vH.** des in dem Tarif festgesetzten Wertes, mit Ausnahme der nachstehend aufgeführten Gegenstände:

25 vH. zahlen:

Fleischhackmaschinen, Kaffee-Mühlen und -Röstmaschinen, Buttermaschinen, Maschinen zum Schälen von Körnern und Früchten, zum Flaschenverkorken, Schuhhakenbefestigen, zum Durchlochen von Papier und für nicht besonders bezeichnete Zwecke, Gas und Wassermesser.

Zollfrei sind:

Destillierblasen, Pumpen für Brunnen, Feuerspritzen, Pumpen für Bergwerke und Landwirtschaft, Drahtkabel, Werkzeugkasten für Handwerker, Dampfkessel für Maschinen, Kratzen, Indikatoren und Manometer, Schreibmaschinen, Ventile.

Zolltechnische u. a. Bestimmungen allgemeiner Art.

M ü n z e n: 1 Boliviano = 100 Centavos = 4,05 ℳ

M a ß e u n d G e w i c h t e: Metrische.

Die der Schätzung unterworfenen oder nicht besonders im Tarif aufgeführten Waren werden nach dem für sie am Platze herrschenden Großhandelspreis abgeschätzt. Als Grundlage für die Berechnung dient die zugehörige Konsulatsfaktura mit einem Aufschlage von 20 vH. für Fracht und Unkosten vom Ursprungsort ab, sofern die genannten Kosten nicht schon in der Faktura inbegriffen sind.

Wird die Konsulatsfaktura nicht vorgelegt oder deuten Anzeichen darauf, daß die vorgelegte Faktura nicht den Tatsachen entspricht, so ist der Berechnung der Großhandelspreis der Ware am Platze mit 30 vH. Ermäßigung zugrunde zu legen.

Wenn der in der Konsulatsfaktura angegebene Wert offenbar geringer ist als der wirkliche Wert der Ware, so kann der Fiskus die Ware auf seine Rechnung für den angegebenen Preis gegen sofortige Zahlung des Betrags erwerben. Die Ware ist zu versteigern.

Brasilien.

Zolltarif vom 19. März 1900.

Der Prozentsatz im Tarif dient lediglich als Grundlage für die Berechnung des spezifischen Zollsatzes. Bei der Verzollung selbst kommt demnach nur der letztere in betracht.

		Zollsatz in Réis	vom Werte vH.
753	Scheibenräder, Rollen, Winden und andere dergleichen Gegenstände für 1 kg	700	50
986	Pumpen:		
	gewöhnliche:		
	aus Gußeisen . . . für 1 kg	400	50
	aus Eisen mit Messing . . . »	600	50
	aus Messing oder Bronze . . . »	1 000	50
	Saug- und Preßpumpen:		
	aus Gußeisen . . . »	600	50
	aus Eisen mit Messing . . . »	800	50
	aus Messing oder Bronze . . . »	1 300	50
	Dampfpumpen . . .	—	15
	Handfeuerspritzen . . .	—	15

Anmerkung 125. Als Pumpen aus Eisen mit Messing werden diejenigen angesehen, in denen die Zylinder oder nur die Ventilkolben aus Messing sind, als Pumpen aus Messing oder Bronze diejenigen, in denen sowohl die Ventilkolben als auch die Zylinder aus Messing sind.

Die Schwungräder (volantes) und Triebstangen (pullias) der Pumpen sind als nicht besonders aufgeführte einfache Arbeiten besonders zu verzollen, außer wenn sie zu Dampfpumpen gehören.

Räder, auf denen die Dampfpumpen und Feuerspritzen sich befinden, sind nicht besonders zu verzollen, da sie als integrierender Teil dieser Pumpen anzusehen sind.

Als integrierende Bestandteile der Zentrifugalpumpen werden die geraden oder gebogenen Röhren aus Eisen oder Stahl und die Stangen, welche zusammen damit eingehen, angesehen, die Röhren dürfen jedoch zusammen nicht über 10 m lang sein. Die darüber hinaus gehenden Röhren unterliegen dem entsprechenden Zolle.

		Zollsatz in Réis	vom Werte vH.
991	Karden (Kratzen, Weberdisteln):		
	[Handkratzen aller Art . . . für 1 Paar	600	15]
	Maschinenkratzen in Stücken und Streifen . . .	—	15
1004	Krane und Winden:		
	zum Betrieb mit Dampf oder Elektrizität, hydraulische und die sogenannten Laufkrane (travellers) für Lagerhäuser. . .	—	15
	jeder anderen Art . . .	—	15
	Handwinden und Differentialwinden nach Weston oder ähnliche für 1 kg	200	30
1005	Ackerbaugerätschaften . . .	—	frei
1006	Keltern und Fruchtpressen . . . für 1 kg	400	50
1008	Motore, feststehend, beweglich oder fortschaffbar:		
	Lokomotiven und zugehörige Tender . . .	—	15
	Lokomobilen . . .	—	15
	hydraulische (Turbinen und Wasserräder) . . .	—	15
	Windmühlen . . .	—	15
	andere beliebige . . .	—	15

Anmerkung 129. In dem Wert der Lokomobilen sind folgende mit denselben für gewöhnlich zusammen eingehende Gegenstände einbegriffen: eine Decke aus Ölzeug, Gerät des Heizers, eine Bürste zum Reinigen der Röhren, ein Behälter für Schmieröl, ein vollständiger Schraubenschlüssel, drei Glasröhren für das Wasserstandglas, ein Ersatzrohr mit dem betreffenden Knie, jedoch darf dies Rohr nicht über 5 m lang sein.

Einen integrierenden Bestandteil der Lokomotiven und Tender bilden die Räder nebst den zugehörigen Achsen, die Reifen der Räder, die Kessel und Heizungen, auch wenn sie getrennt eingeführt werden. Die Räder der Lokomobilen mit den zugehörigen Achsen und der Deichsel werden nur dann als integrierender Bestandteil angesehen, wenn sie gleichzeitig mit den Lokomobilen eingehen.

Sowohl bei den Lokomobilen wie bei anderen Motoren werden die Röhren, welche den Dampf oder das Wasser vom Kessel zum Motor leiten, ebenso wie die Schwungräder und Triebstangen als Bestandteile angesehen.

Die Röhren oder Kniee aus Eisen oder Stahl, welche mit Turbinen zusammen eingehen, werden als Bestandteile angesehen, wenn ihre Gesamtlänge 30 m nicht übersteigt.

Zollsatz
in Réis   vom Werte
vH.

1009 Maschinen:

     zum Anfertigen von Säcken, Hüten, Pappschachteln; Maschinen zum Mähen von Gras, Zuckerrohr usw.; zum Ebnen und Feststampfen von Erde nebst den entsprechenden Zubehörstücken aus Eisen oder Holz; zur Bearbeitung landwirtschaftlicher Erzeugnisse, wie Pressen zum Auspressen von Maniok, zum Schälen und Zerquetschen von Mais; für den Bergbau, wie Gesteinbohrer nebst den bezüglichen Ausrüstungen aus Holz und den entsprechenden Stampfen; für Fabriken und Werkstätten und für die Schiffahrt zum Betriebe mit Dampf, Wasser, Gas, Luft, Wind oder Elektrizität oder mit tierischen Kräften . . . . .   —   **15**

     Messerputzmaschinen mit oder ohne Öffnungen aus Holz oder Eisen und in jeder Art oder jedes Systems . . . . für 1 kg   300   50

     Gewöhnliche Nähmaschinen, für Familien und für Schneider und Sattler für 1 kg   300   25

     Schreibmaschinen (type-writer):

          mit Tastatur . . . . für 1 Stück   30 000   25

          ohne Tastatur. . . . . »   5 000   25

     zum Zuschneiden und Plätten, zum Tabakschneiden, zur Kälteerzeugung, zum Schneiden von Brot, von Pfropfen, zum Füllen von Flaschen, Wasch- und Wringmaschinen, Fleischhack- und Hülsenfrüchte-Schneidemaschinen, Eismaschinen u. dgl., kleine, für häusliche Zwecke für 1 kg   300   25

     Brutapparate . . . . »   200   25

1010 Mühlen:

     große für Fabriken, zum Betrieb mit Dampf oder hydraulischer Kraft   —   15

     [Kaffeemühlen, Farbmühlen, Pfeffermühlen u. dgl. . . . . . für 1 kg   700   50]

    Anmerkung 130. Die Räder und Schwungräder der kleinen Mühlen sind gesondert als nicht besonders aufgeführte gußeiserne Waren zu verzollen.

1014 Buchdruckpressen aller Art. . . . .   —   **15**

1015 Pressen:

     [zum Kopieren . . . . für 1 kg   500   30]

     zum Nummerieren und Stempeln des Papiers u. dgl. . . . . »   4 800   30

     zum Verpacken, zum Beschneiden, Vergolden oder Glätten des Papiers, zum Steindruck, zur Herstellung von Nahrungsstoffen, Seifenpressen u. dgl. . . . .   —   15

1021 Drehbänke:

     mit oder ohne Fußtritt für Uhrmacher, Goldschmiede u. dgl. . für 1 kg   600   50

     für Schmiede, Schlosser u. dgl. . . . . »   300   50

     durch Dampfkraft in Bewegung gesetzt . . . .   —   15

1025 Alle anderen, nicht besonders aufgeführten Gerätschaften, Utensilien und Instrumente für Künste, Gewerbe und zu anderem Gebrauch:

     zum Handgebrauch . . . . für 1 kg   600   50

     für Maschinen. . . . . »   300   50

    Anmerkung 134. Unterlagen aus Eisen und Holz und andere notwendige Stücke zum Aufstellen von Maschinen, Balken und Säulen, Geländer, Tritte, sowie die Rauchrohre für Heizanlagen u. dgl. Gegenstände sind in dem Werte der Maschinen mit einbegriffen; gehen sie jedoch ohne die Maschinen ein, so zahlen sie 20 vH. vom Werte als Zoll.

    Die einzelnen Stücke von Maschinen, welche getrennt eingeführt werden und nicht besonders tarifiert sind, die aber klar erkennen lassen, daß sie integrierende Bestandteile einer Maschine sind und keine andere Verwendung haben können, sollen der gleichen zollamtlichen Behandlung wie die betreffenden Maschinen unterworfen sein. Diejenigen Stücke jedoch, welche tarifiert sind, haben die betreffenden Zollsätze zu zahlen, mögen sie die Maschinen begleiten oder nicht, es sei denn, daß sich im Tarif eine Spezialbestimmung findet.

849 Manometer, den Druck des Dampfes zu messen . . . . für 1 kg   5 000   15

980 Destillierkolben und Blasen:

     einfache, große, zum Gebrauch in der Landwirtschaft und in Fabriken   —   5

     einfache, kleine, für chemische und pharmazeutische Laboratorien und zu besonderem Gebrauch . . . . für 1 kg   400   30

     verzinnt, bemalt oder emailliert . . . . für 1 kg   600   30

    Anmerkung. Als »kleine« werden Kessel und Destillierblasen angesehen, welche bis zu 50 Liter fassen.

Zolltechnische u. a. Bestimmungen allgemeiner Art.

M ü n z e n: 1 Milréis in Gold = 2,30 ℳ; 1 Milréis in Silber = 2,10 ℳ
M a ß e u n d G e w i c h t e: Metrische.
Die G e w i c h t v e r z o l l u n g findet in der Regel nach dem R e i n g e w i c h t e statt.
Warenproben oder Muster ohne oder von geringem Werte sind **zollfrei.**

Als Warenproben ohne oder von geringem Werte sind zu betrachten Teile einer Ware in einer Menge, wie sie durchaus nötig ist, um ihre Art, Gattung und Beschaffenheit ersehen zu lassen, wenn die Abgaben vom Ganzen 1000 Réis nicht übersteigen.

Die Eingangzölle für Maschinen aller Art werden zu 65 vH. in Papier und 35 vH. in Gold erhoben.

Zollfreiheit kann nach dem letzten Budgetgesetz gewährt werden:

1. Für zur Gewinnung und Bearbeitung ländlicher Erzeugnisse bestimmte A c k e r b a u - g e r ä t s c h a f t e n u n d V o r r i c h t u n g e n sowie auch für zur Gewinnung von Erzeugnissen der M i l c h w i r t s c h a f t bestimmte Apparate, die unmittelbar von den Landwirten oder den in Betracht kommenden Verbänden eingeführt werden, sowie für Vorrichtungen und Apparate zur Errichtung von R i n d f l e i s c h -, S a l z - u n d T r o c k e n a n s t a l t e n sowie für die Herstellung von D ü n g e r und von Z e l l u l o s e aus Zuckerrohrabfällen; für diese sind nur die Abfertigungsgebühren mit **5** vH. zu entrichten.

2. Für das von solchen Personen oder Unternehmern eingeführte M a t e r i a l, die den einheimischen A n b a u d e s K a f f e e s, K a k a o s, d e r B a u m w o l l e, d e r t i e r i s c h e n u n d d e r p f l a n z l i c h e n S p i n n s t o f f e heben und gewinnbringend betreiben und zu ihrem Nutzen hierzu geeignete Betriebszentralen erbauen wollen: Wenn diese Anlagen von wirtschaftlichen, nach den Bestimmungen des Gesetzes Nr. 979 vom 6. Januar 1903 gegründeten Verbänden errichtet werden, so sind für die Materialien auf Grund der Zollgesetze, unabhängig von einem Erlasse des Finanzministers, **5** vH. des Wertes zu entrichten.

3. Für alle durch Bundesstaaten, Munizipien und Privatpersonen eingeführte M a s c h i n e n u n d V o r r i c h t u n g e n, die für deren S e i d e n f a b r i k e n bestimmt sind, sofern sie beim Spinnen und Weben nur Seidengehäuse einheimischer Zucht verwenden.

4. Auf Ansuchen der Regierung der Bundesstaaten, der Munizipien und des Bundesdistriktes wird die A b f e r t i g u n g s g e b ü h r m i t **5** vH. entrichtet für das eingeführte Material, das von ihnen selbst zu ihren Arbeiten verwendet wird, die sie für die Verwaltung oder vertragsmäßig ausführen und die zum Zweck haben: V e r b e s s e r u n g d e r g e s u n d h e i t l i c h e n L a g e, V e r s c h ö n e r u n g, W a s s e r v e r s o r g u n g; d a s m e t a l l i s c h e M a t e r i a l f ü r A b z u g k a n a l n e t z e; d a s M a t e r i a l z u S t r a ß e n a n l a g e n, e i n s c h l i e ß l i c h d e r P f l a s t e r r a m m e n, d e r e n t s p r e c h e n d e n M a s c h i n e n u n d R o l l e n o d e r D r u c k w a l z e n z u m M a k a d a m i s i e r e n, V e r b e s s e r u n g u n d E r h a l t u n g d e r H a f e n e i n f a h r t e n u n d H ä f e n, E r b a u u n g v o n M ü l l v e r b r e n n u n g s - ö f e n u n d v o n B r ü c k e n, S t r a ß e n b e l e u c h t u n g, E i s e n b a h n e n u n d e l e k - t r i s c h e n B a h n e n, e i n s c h l i e ß l i c h d e r z u d i e s e n Z w e c k e n e r f o r d e r - l i c h e n K r a f t m a s c h i n e n; sowie endlich für alles, was zum unmittelbaren Bedarf und zum Nutzen der Bundesregierungen, Munizipien des Bundesdistrikts und ihrer einzelnen Abteilungen dient.

5. Für W a s s e r h e b e m a s c h i n e n a l l e r A r t, e i n s c h l i e ß l i c h d e r z u g e - h ö r i g e n M o t o r e n; f ü r W i n d r ä d e r, R o h r b r u n n e n, P u m p e n, W a s s e r - l e i t u n g e n s o w i e a u c h Z u b e h ö r t e i l e, d i e z u r W a s s e r v e r s o r g u n g in den verschiedenen Gemeinden des Staates C e a r á u n d a n d e r e r S t a a t e n, die unter Trockenheit zu leiden haben, bestimmt sind und von den betreffenden Kammern mit der Bestimmung für den öffentlichen Dienst eingeführt werden. Die gleiche Vergünstigung soll den Personen gewährt werden, die sie für ihre Rechnung und zu ihrem Gebrauch in den genannten Staaten einführen.

6. Für M o t o r e n, C a r b u r a d e u r e, K o c h h e r d e, t r a g b a r e Ö f e n, L a m - p e n u n d a l l e V o r r i c h t u n g e n, die als Brennstoff reinen karburierten oder denaturierten Weingeist verwenden, ist nach Entscheidung des Präsidenten nur die Abfertigungsgebühr mit **10** vH. zu entrichten.

M i t n u r **5** vH. sind zollpflichtig:

1. landwirtschaftliche Dampfmaschinen;

2. Kautschukventile für Luftpumpen und andere Maschinen aller Art;

3. Metallgewebe aus Kupfer oder Messing, Zapfen aus Papier oder Leder für Turbinen und Teile von Diffusionsbatterien;

4. Metallbürsten aus Eisen oder Messing und Kratzen zum Reinigen der Röhren,

5. Manometer für Dampfdruck und Vakuum, Thermometer;

6. Röhren aus Kupfer, Eisen oder Messing für Kessel sowie für Konzentrations- und Verdampf-Apparate;

7. Mühlen zum Zerkleinern und Zermahlen des Zuckers;

8. Siebe nebst den zugehörigen Ständern und Blasebälge für Schmelzöfen;

9. Tachas, Mühlwerke und Räderwerke mit Zubehörteilen;

10. Betriebs- oder Übertragungsvorrichtungen, einschließlich der Blockrollen, Achsen, Lager, Cuvas, Keile, Ringe, collares de suspensão;

11. Decouville-Bahnen mit allen zugehörigen Krampen, Verbindungsplatten, Schrauben, Weichen, Gegenwalzen, Kreuzen oder Herzstücken mit beweglichen Schienen für die Weichen und Apparate zu ihrem Stellen;

12. Lokomotiven und Wagen nebst Zubehörteilen;

13. Destillierblasen und Kolonnenapparate nebst Zubehörteilen;

14. Formen und Seiher, Kristallisierapparate zum Reinigen und Raffinieren des Zuckers und Kalkes besonderer Art zur Zuckergewinnung;

15. Pumpen aus Eisen oder anderem Metall für Masse oder Flüssigkeit jeder Art oder für die Versorgung mit warmem oder kaltem Wasser;

16. Gläser und Glasröhren für Vakuum- und Konzentrationsapparate, zum Anzeigen des Standes des Wassers oder anderer Flüssigkeiten in den Apparaten oder Kesseln;

17. Handgeräte, Spaten und Sensen zum Ackerbau;

sofern die vorgenannten Maschinen, Vorrichtungen und Gegenstände von landwirtschaftlichen Syndikaten oder unmittelbar von Landwirten, landwirtschaftlichen Unternehmern, Besitzern von Zuchtfeldern sowie auch von den Bundesregierungen und den Munizipien eingeführt werden.

———————

Der Präsident der Republik wird ermächtigt:

zugunsten des für die Verbesserung von Hafenanlagen, die von der Regierung ausgeführt werden, bestimmten Fonds zu erheben:

Einen Zollzuschlag bis zu 2 vH. in Gold von dem amtlich festgesetzten Einfuhrwert im Hafen von Rio de Janeiro und den Zollämtern in Rio Grande do Sul, wobei die Erhebung dieses Zuschlags unter denselben Bedingungen auf weitere Häfen und die Grenzen der Republik ausgedehnt werden kann, sobald beschlossen wird, die Verbesserungsarbeiten dieser Häfen im allgemeinen und der schiffbaren Flüsse systematisch in Angriff zu nehmen.

Gemäß Verordnung Nr. 6412 vom 14. März 1907 ist von den Waren, welche über die Zollämter von Pará, Pernambuco und Bahia eingeführt werden, eine Abgabe von 2 vH. des Wertes in Gold zu erheben. Der Zuschlag wird seit dem 20. März 1907, in Bahia erst seit dem 22. März 1907 erhoben. (Diario official vom 17. und 24. März 1907.)

Chile.

Zolltarifausgabe vom Jahre 1897.

	Zollsatz vom Werke vH.
Nicht besonders aufgeführte Waren unterliegen einem Wertzolle von	**25**
Dampfkessel, welche nicht an Maschinen angeschlossen sind	**15**
Druckerpressen und Zubehörstücke, ausschließlich derjenigen von Holz	**frei**
Feuerspritzen nebst Zubehör und sonstige Geräte zum Feuerlöschen und zum ausschließlichen Gebrauch für Feuerwehrleute	**frei**
Kultivatoren nebst Ersatzstücken	**frei**
Maschinen, Apparate und besondere Gerätschaften für die Beleuchtung mit Kohlenwasserstoffgas	**frei**
Maschinen und Apparate für den Gebrauch in der Landwirtschaft, im Bergbau, in den Künsten, Gewerben und Industrien	**frei**
Maschinenteile	**frei**
Patent-Balastpumpen und Zubehör für Schiffe	**frei**

Zolltarifentscheidungen.

Nach dem Gesetz vom 23. August 1905 soll der Sociedad Chilene de Tranvias i Alumbrado Eléctricos für die zur Inbetriebsetzung und Einrichtung der Gesellschaft notwendigen Waren für einen Zeitraum von 4 Jahren Zollfreiheit bis zum Betrage von 200 000 Pesetas bewilligt werden. Von dieser Begünstigung sollen ausgenommen sein Waren, die einem Zoll von 35 vH. unterliegen.

Zolltechnische u. a. Bestimmungen allgemeiner Art.

Münzen: 1 Silber-Peso (nuevo) = 1,53 ℳ

Maße und Gewichte: Metrische.

Deutschland genießt die Meistbegünstigung.

Der Wert der Waren wird in einem Wertschätzungstarif festgesetzt, dessen Einzelpositionen häufigen Veränderungen unterliegen. Die Einfuhrzölle und Lagergelder sind in Gold zu 18 Pence für 1 Peso oder in Pfunden Sterling nach ihrem gesetzlichen Werte zu entrichten.

Wenn die mit einem Zolle von 60 und 35 vH. belegten Waren in Ansehung des Materials, aus dem sie hergestellt sind, mit anderem, einem geringeren Zolle unterliegenden Material gemischt sind, so ist stets der Zoll von 60 oder 35 vH. zu erheben, wenn nicht das geringere Material 75 vH. des Wertes der Ware übersteigt. In diesem Falle unterliegen sie dem gewöhnlichen Zolle von 25 vH.

Columbien.

Zolltarifausgabe vom Jahre 1889.

Zollsatz
in Pesos Gold
für 1 kg
Rohgewicht

N i c h t b e s o n d e r s a u f g e f ü h r t e W a r e n unterliegen einem Zolle von **0,70** Peso für 1 kg.
Zu den Einfuhrzöllen tritt noch ein Z u s c h l a g v o n 70 vH.

Feuerspritzen und Löschmaschinen	**0,01**
Pumpen oder hydraulische Maschinen mit den dazu gehörigen Röhren und übrigen Teilen	**0,03**
Maschinen für Fabriken und Bergwerke	**0,01**
Maschinen, landwirtschaftliche	**0,02**
Maschinen für Kunst, Gewerbe und Industrie	**0,03**
Maschinen, die nicht anderweit erwähnt sind und deren Gewicht 1000 kg nicht übersteigt	**0,03**
Maschinen aller Art, deren Gesamtgewicht über 1000 kg beträgt	**0,01**
Pressen für Buchdruckerei, Buchbinderei und Lithographie	**0,02**
Motoren jedweder Art und Kraft	**0,02**
Maschinen für Schiffe, zur Ausübung von Künsten, Gewerbe, Industrie, Landwirtschaft und Bergbau.	**0,03**
Stampfmühlen oder Rammen zur Zerkleinerung der Erze im Bergwerkbetriebe	**0,03**

Zolltarifentscheidungen.

Z u c k e r r e i n i g u n g s m a s c h i n e n sind **zollfrei**.
Ein Dekret des Präsidenten der Republik, Nr. 1428 vom 27. November 1906, bestimmt:
L a n d w i r t s c h a f t l i c h e M a s c h i n e n u n d Z e n t r i f u g e n f ü r B e r i e s e - l u n g fallen unter die 2. Klasse des Tarifs ohne den Zollzuschlag von 70 vH.
L a s t m o t o r e n , K e s s e l u n d G e s t e l l e d a z u , M a s c h i n e n , d e r e n G e - w i c h t 3 T o n n e n ü b e r s t e i g t , sind **zollfrei**.

Zolltechnische u. a. Bestimmungen allgemeiner Art.

M ü n z e n : 1 Peso = 100 Centavos nominell = 4,05 ℳ.
M a ß e u n d G e w i c h t e : Metrische.
Deutschland genießt die Meistbegünstigung.
Die Verzollung findet nach dem R o h g e w i c h t e statt.
Die Zahlung der Einfuhrzölle erfolgt bei den Zollämtern bar in Metallgeld oder in dessen Gegen- wert in Bundespapiergeld mit Zwangskurs oder in anderen gesetzlichen Zahlungsmitteln.
Die über das Zollamt von Buenaventura eingeführten Waren genießen eine E r m ä ß i g u n g von 25 vH.
Für die über das Zollamt von Cucuta eingeführten Waren ist nur ein A u f s c h l a g von 25 vH. statt 70 vH. zu entrichten.
Von jeder Zollrechnung werden vom Empfänger der Waren 2 vH. des Wertes erhoben, die zur Vertilgung der Heuschrecken verwendet werden.

Costa Rica.

Zolltarifausgabe vom Jahre 1899.

Zollsatz
in Pesos
für 1 kg

Die bestehenden Einfuhrzölle sind durch Dekret vom 27. April 1901 u m 50 v H. erhöht.
Zu den Einfuhrzöllen tritt nach Tarif-Nr. 104 noch eine allgemeine H a f e n g e b ü h r von 0,015 Peso für 1 kg hinzu.
Für Muster ohne Wert aller Art sind **0,02** Peso für 1 kg zu entrichten.

M e t a l l e und alle Fabrikate, deren Hauptbestandteil Metall ist:

aus 10	Alle Arten von Maschinen zum Ackerbau und zur Druckerei nebst Zubehör; Maschinen aller Art für Bergwerke	**frei**
aus 14	Maschinen aller Art für die Industrie, einschl. der Nähmaschinen und der Maschinen zum Mahlen von Mais und anderen Körnern; Ventilatoren; Apparate zum De- stillieren und Rektifizieren von Spiritus; große Pflüge mit oder ohne Räder .	**0,02**

Zollsatz
in Pesos
für 100 kg

aus
16   Wasserpumpen **0,11**

aus
19   Flaschenzüge, Blöcke oder Rollen **0,54**

    Holz und andere vegetabilische Materialien zum Gebrauch in der Industrie und Waren daraus:

aus
62   Alle Arten Maschinen für den Ackerbau und die Schiffsausrüstung . . . . . . **frei**

aus
63   Alle Arten Maschinen für die Industrie; Geräte für Ackerbau **0,02**

aus
64   Hebel **0,04**

Zolltarifentscheidungen.

Durch Gesetz vom 6. Juli 1906 sind Maschinen aller Art zur Aufbereitung von Kaffee, Kakao, Zucker, Stärke, Reis, und Rohzucker (panelas), sowie zur Herstellung von Besen, Nudeln und Bier auf weitere fünf Jahre für **zollfrei** erklärt.

Um Zweifel, die aus dem Gesetze vom 6. Juli 1906 entstehen könnten, zu beseitigen, ist durch eine Verordnung des Präsidenten der Republik vom 11. Januar 1907 bestimmt worden, daß Kessel von Maschinen zur Aufbereitung von Zucker für den Zeitraum der Gültigkeit des erwähnten Gesetzes (fünf Jahre) immer **zollfrei** sein sollen, sei es, daß sie als Teile der Maschinen mit diesen zugleich oder daß sie allein eingeführt werden.

Durch Dekret vom 22. November 1906 sind Nähmaschinenteile wie Nähmaschinen mit **2** Centavos und nicht wie bisher mit 0,81 Centavos für 1 kg zu verzollen.

Gemäß Verfügung vom 13. Februar 1906 (La Gaceta vom 14. Februar 1906) sind Maschinen zum Mahlen von rohem oder gedörrtem Mais, die unter dem Namen »molinillos para tortillas« eingeführt werden, nach Tarif-Nr. 14 mit **0,03** Colon (einschließlich des Zuschlags) für 1 kg zu verzollen.

Durch Gesetz vom 11. Juli 1907 sind folgende, für Molkerei und Landwirtschaft erforderlichen Maschinen und Werkzeuge vom **Zolle** und von jeglichen Eingangsgebühren **befreit:**

    Maschinen und Werkzeuge zur Käse- und Butterbereitung, Geräte zur Entfaserung und Verarbeitung von Textilpflanzen, hydraulische Widder, Windmühlen, Pflüge, Walzen, Eggen, Säe-, Acker- und Nähmaschinen, Ausstreumaschinen für Mist und andere Düngemittel, Dreschmaschinen, Schaufeln, Beile, Haumesser (machetes) sowie landwirtschaftliche Maschinen aller Art, die für die Aussaat und die Bebauung des Feldes oder zum Einsammeln der Früchte und der Ernte bestimmt sind, ferner Karren oder Wagen, deren Felgen 10 cm oder darüber messen, sowie Räder und Felgen der gleichen Größe.

Zolltechnische u. a. Bestimmungen allgemeiner Art.

Münzen: Nach dem Tarif: 1 Dollar (Peso) = 100 Centavos = 4,05 ℳ.

Jetzige Umlaufmünzen: 1 Colon = 100 Centimos. Das Wertverhältnis der alten zur neuen Münze ist auf 50 Centavos = $\frac{1}{2}$ Colon festgesetzt.

Maße und Gewichte: Metrische.

Die Verzollung findet nach dem Rohgewichte statt.

Für Muster, die zur Ansicht oder zur Auswahl eingeführt werden, kann unter gewissen Bedingungen **Zollfreiheit** gewährt werden.

Ecuador.

Zolltarif vom 30. Oktober 1905 (in Kraft seit dem 1. Januar 1906).

Zollsatz
in Sucres
für 1 kg

Nicht besonders aufgeführte Waren unterliegen einem Einfuhrzolle von **25** Centavos für 1 kg.

Außer den obigen Zöllen wird noch ein Zuschlagzoll in Höhe von 100 vH. der Eingangsabgaben erhoben. Bei der Einfuhr über das Zollamt Tulcan wird nur ein Zuschlagzoll in Höhe von 50 vH. berechnet.

Ackerbaumaschinen und im allgemeinen Maschinen für alle Industriezweige sowie deren Teile und Ersatzteile und Kessel (auch wenn sie mit verschiedenen Schiffen eingehen)   **frei**

Apparate zur Fabrikation von kohlensaurem Wasser, andere als aus Kristall oder Glas   **0,05**

Zollsatz
in Sucres
für 1 kg

Blasebälge für Schmieden	0,10
Druckereien und deren Zubehör	frei
Eisenbahnen jeder Art und deren Zubehör	frei
Feuerlöschapparate	frei
Feuerspritzen und deren Zubehör für Feuerwehrkorps	frei
Hebewinden	0,05
Maschinen und Apparate zum Münzen	frei
Mechanische Wasserpumpen	0,02
Nähmaschinen	frei
Rettungsapparate	frei
Schreibmaschinen	frei
Wasserfilter	0,05
Maschinen für Schiffe	frei

Notizlich. Der neue Zolltarif ist vom Parlament, dem er im Oktober 1906 zur Beratung vorgelegt war, nicht' angenommen. Es bleibt demnach der vorstehende Tarif weiter in Kraft.

Zolltechnische u. a. Bestimmungen allgemeiner Art.

Münzen: 1 Sucre = 100 Centavos = 4,05 ℳ.
Maße und Gewichte: Metrische.
Deutschland genießt die Meistbegünstigung.
Die Verzollung findet nach dem Rohgewichte statt.

Bei den aus mehreren Stoffen bestehenden Gegenständen erfolgt die Verzollung nach dem vorherrschenden Material. Unter dem vorherrschenden Material ist dasjenige zu verstehen, das mehr als 50 vH. unter den Bestandteilen bildet und das Wesen des Gegenstandes bestimmt.

Muster von Waren und kleine Gegenstände ohne Wert sind **zollfrei**, ebenso Teile von Waren, welche paarweise gebraucht und verkauft werden, sofern die Beteiligten gestatten, daß sie unbrauchbar gemacht werden.

Honduras.

Zolltarifausgabe vom Jahre 1898.

Zollsatz
in Pesos
für ¹/₂ kg
Rohgewicht

129	Aufzüge, hydraulische	0,02
233	Pumpen nebst Zubehör	0,02
310	Schiffswinden (cabrestantes)	0,02
311	Hebezeuge (cabrias)	0,02
814	Hebekrane	0,01
871	Brutapparate	0,02
987	Windfänge	0,10
1012	Näh- und andere Handwerksmaschinen, nebst Zubehör	0,05
1013	Ackerbau- und Bergbaumaschinen, nebst Zubehör	0,01
1014	Maschinen zu wissenschaftlichen Zwecken	0,05
1015	Dampfmaschinen	0,01
1016	Maschinen, nicht besonders aufgeführt	0,05
1064	Windmühlen	0,01
1071	Blockrollen	0,05
1072	Wassermotoren	0,01
1074	Motoren für Tierkraft	0,01
1075	Dampfmotoren	0,10
1278	Pressen, typographische, nebst Zubehör	0,01
1279	Pressen für Handwerker bis zu 25 Pfund schwer	0,05
1280	Pressen für Handwerker über 25 Pfund schwer	0,01
1325	Kühlapparate	0,10
1385	Rettungsapparate für Schiffbrüchige	0,30
1438	Eismaschinen	0,10
1574	Turbinen	0,01

Zolltechnische u. a. Bestimmungen allgemeiner Art.

M ü n z e n: 1 Peso (Dollar) = 100 Cent = 4,05 ℳ.
M a ß e: Metrische.
G e w i c h t e: Das Einheitsgewicht ist das Pfund = 0,460 kg.
Deutschland genießt die Meistbegünstigung.
Die Verzollung findet nach dem R o h g e w i c h t e statt.
Wenn eine in dem Tarife nicht besonders aufgeführte Ware zur Abfertigung gestellt wird, so ist sie wie die ihr am meisten ähnelnde zu verzollen. Auch in dem Zollschein ist anzugeben, mit welcher Ware sie die meiste Ähnlichkeit hat.

	Zollsatz in Pesos für ½ kg Rohgewicht
Bezüglich der Muster vermerkt der Tarif:	
1085 Muster in Stücken bis zu 25 Pfund	**frei**
1086 Muster in Stücken von mehr als 25 Pfund	**0,01**
1087 Muster, gebrauchsfähige (wie die betreffenden Waren).	

Kanada.

Zolltarif vom 12. April 1907.

		Zollsatz vom Werte		
		vH. Britischer Vorzugtarif	vH. Mitteltarif	vH. Generaltarif
429	Maschinen-Kratzenbeschläge	17½	22½	25
438	Lokomotiven und Motorwagen, für Eisenbahnen und Straßenbahnen, nicht anderweit vorgesehen, ferner Automobile und Motorwagen aller Art	22½	30	35
439	Feuerspritzen und Feuerlöschmaschinen, einschließlich Sprengapparate zum Schutze gegen Feuer	22½	30	35
440	Nähmaschinen und Teile davon.	20	27½	30
441	Schriftgieß- und Setz-Maschinen und Teile davon, zum Gebrauch in Druckereien geeignet	12½	17½	20
441a	Schreibmaschinen	17½	22½	25
442	Druckerpressen, lithographische Pressen nebst Zubehör zur Herstellung von Lettern, auch Maschinen, die besonders zum Liniieren, Falzen, Binden, Pressen, Kniffen, oder Schneiden von Papier oder Pappe bestimmt sind zum ausschließlichen Gebrauch für Drucker, Buchbinder und Hersteller von Papier- oder Pappwaren, einschließlich der Teile davon, ganz oder teilweise aus Eisen, Stahl, Messing oder Holz	5	10	10
443	Zeitungs-Druckpressen, im Einzelverkaufswerte von je nicht weniger als 1500 Dollar, von einer in Kanada nicht hergestellten Klasse oder Art	frei	frei	frei
444	Streichbretter, Pflugschare oder Pflugbleche, flache Seiten des Pfluges (land sides), sowie andere Bleche für landwirtschaftliche Geräte, wenn aus gewalzten Stahlblechen roh zugeschnitten, aber nicht geformt, gelocht, poliert oder anderweit bearbeitet	frei	frei	frei
445	Mähmaschinen, Erntemaschinen mit und ohne Garbenbinder, Vorrichtungen zum Garbenbinden, Mähmaschinen (reapers) und fertige Teile davon mit Ausnahme der Wellentransmissionen	12½	17½	17½
446	Kultivatoren, Pflüge, Eggen, Pferderechen, Säemaschinen, Düngerausbreiter, Unkrautjäter und Windräder (wind mills) und fertige Teile davon mit Ausnahme der Wellentransmissionen	12½	17½	20
447	Fortbewegbare Maschinen in Verbindung mit Dampfkesseln, Pferdegöpel und Zugmaschinen, für landwirtschaftliche Zwecke; wind stackers und Separatoren zu Dreschmaschinen, einschließlich der Vorrichtungen zum Einsacken, Wiegen und des sich selbst regulierenden Speiseapparats dazu sowie der fertigen Teile davon zu Reparaturen	15	17½	20
448	Vorrichtungen zum Heuaufladen, Kartoffelausheber, Futterschneidemaschinen, Kornquetschen, Kornschwingen, Heu-Streumaschinen, Farm-, Straßen- oder Ackerwalzen, Grabscheite zum Ausheben von Löchern für Pfähle, Sensengriffe und andere landwirtschaftliche Geräte, nicht anderweit vorgesehen	15	22½	25

		Zollsatz vom Werte	
	vH. Britischer Vorzugtarif	vH. Mitteltarif	vH. Generaltarif

449	Äxte, Sensen, Sicheln, Heu- oder Strohmesser, Beschneidemesser, Hacken, Rechen, nicht anderweit vorgesehen, sowie Heugabeln	15	20	$22^1/_2$
450	Schaufeln und Spaten von Eisen oder Stahl, nicht anderweit vorgesehen; nur vorgeschmiedete und zugeschnittene Formen für dieselben aus Eisen oder Stahl; sowie Rasenwalzen	20	30	$32^1/_2$
452	Treibriemenrollen für Kraftübertragung	15	25	$27^1/_2$
453	Dampfkessel, nicht anderweit vorgesehen, sowie alle Maschinen, ganz oder zum Teil aus Eisen oder Stahl zusammengesetzt, nicht anderweit vorgesehen, und Eisen- und Stahlgußwaren sowie eiserne oder stählerne integrierende Bestandteile von allen in dieser Nummer genannten Maschinen	15	25	$27^1/_2$
454	Fabrikate, Artikel oder Waren aus Eisen oder Stahl oder in denen die Bestandteile aus Eisen und Stahl (oder eins von beiden) den Hauptwert ausmachen, nicht anderweit vorgesehen	20	$27^1/_2$	30
455	Anker für Schiffe	frei	frei	frei
456	Barren-Gießformen; Glaspreßformen aus Metall.	5	$7^1/_2$	10
459	Schleudergefäße aus Stahl (bowls) für Rahmscheider	frei	frei	frei
460	Verschiedene Gegenstände aus Metall zum ausschließlichen Gebrauch in Bergwerken oder bei der Ausscheidung von Metallen aus Erzen wie: Diamantbohrer, mit Ausschluß der Triebkraft; Kohlenschrämmaschinen, mit Ausnahme von Perkussionsschrämmaschinen, Maschinen zum Aufhauen von Kohlenabbaustrecken (coal heading machines), Kohlenbohrer und Rotationskohlenbohrer, Kernbohrer (core drills), Sicherheitslampen für Grubenarbeiter und Teile davon sowie Zubehör zum Reinigen, Füllen und Prüfen solcher Lampen; elektrische oder magnetische Maschinen zum Scheiden oder Aufbereiten von Eisenerzen, Öfen zum Schmelzen von Kupfer-, Zink- und Nickelerzen; Konverter zum Gebrauche beim Verfahren der Ausscheidung von Metallen aus Erzen; Kupferplatten, plattiert oder nicht; Maschinen zur Gewinnung von Edelmetallen aus Erzen nach dem Chlorations- oder Cyanidverfahren; Amalgamschränke; selbsttätige Erzprobennehmer; selbsttätige Speiseapparate; Retorten; Quecksilberpumpen; Pyrometer; Gold- oder Silber-Schmelzöfen; Amalgam-Reiniger; Gebläsemaschinen für Hochöfen; schmiedeeiserne Röhren, stumpf- oder überlapptgeschweißt, mit Schraubengewinde oder gekuppelt oder nicht, über 4 Zoll im Durchmesser; und integrierende Bestandteile aller in dieser Nummer genannten Maschinen	frei	frei	frei
461	Maschinen und Vorrichtungen aus Eisen oder Stahl, von einer in Kanada nicht hergestellten Klasse oder Art, sowie Elevatoren und Maschinen von schwimmenden Baggern, wenn zum ausschließlichen Gebrauch in Alluvial-Goldminen bestimmt . . .	frei	frei	frei
461a	Eisen- oder Stahlröhren, nicht stumpf- oder überlapptgeschweißt, sowie mit Draht zusammengebundene Holzröhren, mit einem inneren Durchmesser von nicht weniger als 30 Zoll, wenn zum ausschließlichen Gebrauch in Alluvial-Goldminen bestimmt .	5	$7^1/_2$	10
462	Gebläse aus Eisen oder Stahl von einer in Kanada nicht hergestellten Klasse oder Art, zum Gebrauche beim Schmelzen von Erzen oder bei der Reduktion, Scheidung oder Reinigung von Metallen; rotierende Brennöfen, drehbare Röstöfen und Schmelzöfen aus Metall, von einer in Kanada nicht hergestellten Klasse oder Art, bestimmt zum Rösten von Erz, Mineral, Gestein oder Ton; Förderwagen für Hochofenschlacke und Schlackentöpfe, von einer in Kanada nicht hergestellten Klasse oder Art . .	frei	frei	frei
462a	Maschinen zur Herstellung von Preßkohlen	frei	frei	frei
463	Maschinen jeder Art sowie Bau-Eisen und Stahl, wenn unter den vom Zollminister zu erlassenden Vorschriften zum Gebrauche			

	vH. Britischer Vorzugtarif	Zollsatz vom Werte vH. Mitteltarif	vH. Generaltarif
beim Baue und bei der Einrichtung von Fabriken zur Herstellung von Rübenzucker eingeführt	frei	frei	frei
464 Die folgenden Artikel und Stoffe, unter den vom Zollminister vorzuschreibenden Bedingungen, nämlich:			
a) Alle Werkzeuge und Maschinen, die in Kanada nicht hergestellt werden in dem Maße, wie sie für eine in Kanada zu errichtende, zur Anfertigung von gezogenen Gewehren für die Kanadische Regierung bestimmte Fabrik erforderlich sind	frei	frei	frei
b) Alle Materialien oder Teile in rohem Zustande, unfertig, sowie Schrauben, Muttern, Schaftringe und Federn, wie sie zu den in einer solchen Fabrik für die Kanadische Regierung herzustellenden Gewehren gebraucht werden	frei	frei	frei
465 Die folgenden Artikel und Stoffe, wenn von Herstellern selbsttätiger Gasbojen und selbsttätiger Gasleuchtfeuer zum Gebrauche bei der Herstellung solcher Bojen und Leuchtfeuer für die Kanadische Regierung oder für die Ausfuhr eingeführt, unter den vom Zollminister zu erlassenden Bestimmungen, nämlich: Eisen- oder Stahlröhren von mehr als 16 Zoll im Durchmesser; geflanschte und vertiefte Stahlaufsätze (heads), aus Kesselblech hergestellt, über 5 Fuß im Durchmesser; gehärtete Stahlkugeln, nicht weniger als 3 Zoll im Durchmesser; Azetylengaslaternen und Teile davon sowie Tobin-Bronze in Stangen oder Stäben	frei	frei	frei
467 Maschinen von einer in Kanada nicht hergestellten Klasse oder Art, zur Herstellung von Bindfaden, Tauwerk oder Leinwand, oder zur Zurichtung der Flachsfaser	frei	frei	frei
468 Maschinen von einer in Kanada nicht hergestellten Klasse oder Art und Teile davon, die besonders für Krempel-, Spinn-, Webzwecke, zur Anfertigung von Borten oder zum Wirken von Faserstoffen geeignet sind, wenn von Herstellern für solche Zwecke eingeführt	10	10	10
469 Brunnenbohrmaschinen und Apparate von einer in Kanada nicht hergestellten Klasse oder Art, zum Erbohren von Wasser, natürlichem Gas und Öl sowie zum Schürfen von Mineralien, ausschließlich der Triebkraft	frei	frei	frei
470 Eiserne oder stählerne Masten oder Teile davon, und Eisen- oder Stahl-Träger, -Winkel, -Bleche, -Platten, -Kniee und Ankerketten, für Schiffe und Fahrzeuge aus Holz, Eisen, Stahl oder gemischtem Material; Eisen-, Stahl- oder Messingwaren, welche zur Zeit ihrer Einfuhr von einer in Kanada nicht hergestellten Klasse oder Art sind, wenn sie zum Gebrauche beim Baue oder bei der Ausrüstung von Schiffen oder Fahrzeugen gebraucht werden, unter den vom Zollminister vorzuschreibenden Bestimmungen	frei	frei	frei
711 Nicht besonders genannte Waren	15	$17^1/_2$	20

Zolltechnische u. a. Bestimmungen allgemeiner Art.

M ü n z e n: 1 Dollar Courant = 100 Cent = 4,20 ℳ.

M a ß e u n d G e w i c h t e: englische.

Vorstehende Zollsätze sind sofort mit der Vorlegung, d. h. am 29. November 1906, vorläufig in Kraft gesetzt und durch Gesetz vom 12. April 1907 endgültig eingeführt worden.

Der britische Vorzugstarif wird bei der Einfuhr aus Großbritannien und denjenigen seiner Kolonien angewandt, die schon bisher Vorzugszölle genossen.

Der Generaltarif, der im allgemeinen dem bisherigen allgemeinen Tarif entspricht, soll auf alle fremden Länder und auf diejenigen britischen Kolonien Anwendung finden, denen bisher die britischen Vorzugszölle noch nicht eingeräumt sind.

Der Mitteltarif ist die Hauptneuerung in dem Entwurfe. Er bildet ein Mittelding zwischen dem General- und dem britischen Vorzugstarif und würde für diejenigen Länder, denen er gewährt würde, den Vorsprung Großbritanniens nicht unwesentlich verkürzen.

Gegenstände, welche das Erzeugnis oder Fabrikat eines fremden L a n d e s sind, das die Einfuhr aus Kanada weniger günstig behandelt als die aus anderen Ländern, können einem Zuschlage unterworfen werden. H i e r z u g e h ö r e n g e g e n w ä r t i g d i e a u s D e u t s c h l a n d k o m m e n d e n W a r e n , b e i d e r e n E i n f u h r e i n **Zuschlag von** $^1/_3$ z u d e n i m G e n e r a l t a r i f f ü r d i e E i n f u h r f e s t g e s e t z t e n Z ö l l e n z u r E r h e b u n g g e l a n g t.

Unter dem z o l l p f l i c h t i g e n W e r t e der mit einem Wertzolle belegten Waren ist der M a r k t p r e i s der Ware zu verstehen, wie er sich beim Verkaufe zum einheimischen Verbrauch an den Hauptmärkten des Ausfuhrhandels zur Zeit der direkten Ausfuhr nach Canada stellt, jedoch zuzüglich der Fracht- und Kommissionsgebühren.

S o n d e r z o l l. Wenn der Ausfuhr- oder der von dem Einführer in Kanada wirklich gezahlte Verkaufpreis eines eingeführten zollpflichtigen Artikels von einer in Kanada hergestellten Klasse oder Art geringer ist als der dafür gangbare Marktpreis, so kann für einen solchen Artikel ein Sonderzoll (als Zuschlag zu dem anderweit festgesetzten Zolle) zur Erhebung gelangen, der gleich ist dem Unterschiede zwischen solchem gangbaren Marktwert für den Gegenstand bei der Abgabe zum heimischen Gebrauch und dem genannten Verkaufpreise des Gegenstandes für die Ausfuhr. Es darf indessen dieser Sonderzoll (special oder dumping duty) 15 vH. des Wertes in keiner Weise übersteigen. — Der »Ausfuhr- oder Verkaufpreis« im vorstehenden Abschnitt ist der von dem Ausführer für die Ware gestellte Preis, ausschließlich aller Kosten, welche auf die Waren nach ihrer Versendung von dem Platze, von wo sie unmittelbar nach Kanada ausgeführt sind, entfallen.

Die Bestimmungen über die Erhebung eines Sonderzolls sollen im allgemeinen nicht zur Anwendung kommen, wenn der Unterschied zwischen dem wirklichen Marktwert und dem von dem Einführer in Kanada gezahlten Verkaufpreise 5 vH. des wirklichen Marktwerts der Waren nicht übersteigt; bei einem Unterschiede von mehr als 5 vH. soll indessen in den Fällen, in denen ein Sonderzoll zur Anwendung kommt, der ganze Unterschied in Anrechnung gebracht werden.

Bei der Berechnung des Unterschieds zwischen dem wirklichen Marktwert in dem Ausfuhrland und dem Verkaufpreise für den Einführer in Kanada zum Zwecke der Erhebung des Sonderzolls ist der wirkliche Marktwert der Waren auf der gebräuchlichen Kreditgrundlage abzuschätzen, außer wenn der Artikel in dem Ausfuhrland allgemein nur gegen Kasse verkauft wird; in diesem letzteren Falle ist der wirkliche Marktwert unter Zugrundelegung des Barzahlungspreises abzuschätzen.

Wenn Waren, die gewöhnlich auf Kredit verkauft werden, einem Einkäufer in Kanada als gegen Barzahlung (zahlbar innerhalb 30 Tagen) in Rechnung gestellt sind, so kann der bei der Barzahlung für solche Waren übliche Diskont bei der Berechnung des Unterschieds zwischen dem wirklichen Marktwert und dem Verkaufspreise dem dem Einführer in Kanada in Rechnung gestellten Verkaufpreise zugesetzt werden; ist indessen der wirkliche bei Barzahlung in solchem Falle allgemein gebräuchliche Diskont nicht genau angegeben, so soll bei der Berechnung des vorgenannten Unterschiedes ein Zusatz von $2^1/_2$ vH. erfolgen.

Der Betrag einer etwaigen Steigerung des Marktwerts von Waren in der Zeit zwischen ihrem Einkaufe durch den Einführer und dem Tage ihrer Ausfuhr nach Kanada soll nicht dem Sonderzoll unterworfen sein, unter der Voraussetzung, daß die Waren im gewöhnlichen Verlauf ausgeführt worden sind und der wirkliche Tag des Verkaufs dem Kollektor durch Verträge oder andere ihm zur Einsicht vorgelegte und beglaubigte ausreichende Dokumente zur Zufriedenheit nachgewiesen wird. Für Waren, die einem Wertzoll unterliegen, soll indessen der gewöhnliche Zoll von dem wirklichen Marktwert erhoben werden, den die Waren zur Zeit ihrer unmittelbaren Ausfuhr nach Kanada hatten.

Kaufmannswaren zum bona fide-Gebrauch als Muster für den Verkauf gleichartiger Waren werden ohne Sonderzoll zugelassen.

V e r p a c k u n g e n unterliegen den folgenden Bestimmungen:

a) Jede Verpackung, welche erstes Behältnis oder erste Umschließung von Waren zum Zwecke des Verkaufs ist, soll in allen nicht anderweit vorgesehenen Fällen, in welchen sie Waren enthält, die einem Wertzoll oder einem spezifischen und Wertzoll unterliegen, mit demselben Wertzollsatze belegt werden, welcher von den in ihr enthaltenen Waren zu erheben ist, und der Wert der Umschließungen soll in den Wert solcher Waren eingeschlossen werden.

b) Alle vorgenannten Umschließungen, welche Waren enthalten, die nur einem spezifischen Zolle unterliegen und nicht anderweit vorgesehen sind, sollen mit einem Zolle von **20 vH.** des Wertes belegt werden.

Bleche oder Platten aus Metall von nicht mehr als $^3/_{16}$ Zoll Dicke sind in der Zusammenstellung als »Bleche«, Bleche oder Platten aus Metall von mehr als $^3/_{16}$ Zoll Dicke als »Platten« bezeichnet.

Mexiko.

Zolltarifausgabe vom Jahre 1905.

Zollsatz
in Pesos

606 Feuerlöschvorrichtungen mit höchstens sechs Ersatzladungen (Anm. 205) . . . . . **frei**

607 Vorrichtungen zum Vervielfältigen von Handschriften (Anm. 206) . für 1 kg Rohgew. **0,06**

612 Maschinen aller Art für Industrie, Ackerbau, Bergbau und Gewerbe, nicht besonders aufgeführt, deren einzelne Teile und Ersatzstücke (Anm. 210) für 100 kg Rohgew. **1,65**

205) Hierher gehören die tragbaren eisernen Gaserzeuger zum Feuerlöschen, deren Inhalt aus Karbonatpäckchen und Flaschen mit Schwefelsäure besteht.

206) Hierher gehören die verschiedenen: Hektograph, Kopigraph, Chromograph, Autokopist, Mimeograph u. dgl. genannten, zur Vervielfältigung von Schriftstücken in Schreibstuben und Kontors geeigneten Apparate.

210) usw. Maschinen und Vorrichtungen, die nicht für die genannten Zwecke bestimmt sind, fallen nicht hierunter, sind vielmehr je nach Material und Art zu verzollen, z. B. Schreib-, Rechenmaschinen und im allgemeinen alle Vorrichtungen und kleinen Maschinen zu häuslichen Zwecken usw.

Zolltechnische u. a. Bestimmungen allgemeiner Art.

Münzen: 1 Peso = 100 Centavos = 4,39 $\mathcal{M}$.

Maße und Gewichte: Metrische.

Deutschland genießt die Meistbegünstigung.

Aus den allgemeinen Bestimmungen über die Anwendung des Tarifs: Wenn mit Maschinen oder gewerblichen Vorrichtungen als Zubehör derselben nach dem Tarif besonders zu verzollende Gegenstände in Mengen eingehen, welche das zur Inbetriebsetzung nötige Maß übersteigen, so ist das Mehr entsprechend zu verzollen.

Durch Dekrete vom 13. und 20. Oktober 1906 wird vom 1. Januar 1907 ab bis auf weiteres an Stelle des durch die Dekrete vom 26. Oktober 1893 und 4. Juni 1896 festgesetzten Zollzuschlags von 1 1/2 vH. auf ausländische Waren, die über die Zollämter von Puerto Mexiko (Coatzacoalcos) und Mazatlán eingeführt werden, zugunsten der Gemeindeverwaltungen in den genannten Häfen ein Zuschlag von 2 vH. auf die Einfuhrzölle erhoben. (Diario oficial vom 13. und 20. Oktober 1906.)

Neufundland.

Zolltarif vom 15. Juni 1905 mit späteren Abänderungen.

Zollsatz
vom Werte
vH.

Nicht besonders aufgeführte Waren unterliegen einem Wertzolle von **40 vH.**

54 Taucherapparate **10**

aus

75a Schmiedegebläse **25**

95 Lokomotiven; Dampfkessel für Lokomotiven **30**

97 Maschinen, nämlich:

   a) Dampfkessel, wenn zu Heizungszwecken verwendet, Heizapparate (radiators) und Flügelgebläse, Aufzüge (elevators), Kornschwingmaschinen, Pferdegöpel; Maschinen und Teile davon, nicht anderweit besonders aufgeführt; Drehbänke, Loch- und Laubsägemaschinen, nicht anderweit besonders aufgeführt, welche am Ort der Verschiffung weniger als 6 Dollar kosten und für Hand- oder Fußbetrieb eingerichtet sind, und Datier-, Linier-, Paginier- oder Perforiermaschinen **35**

   b) Drehbänke, Loch- und Laubsägemaschinen, nicht anderweit besonders aufgeführt, welche am Ort der Verschiffung mehr als 6 Dollar kosten; Gasmaschinen, Schreibmaschinen, Nebelhörner, patentiert; patentierte Maschinen sowie solche, die in der Kolonie nicht hergestellt werden, nicht anderweit besonders aufgeführt; Maschinen zur Herstellung von Stiefeln und Schuhen; Hobel-, Bohr-, Zapfenloch-, Form- und ähnliche Maschinen für Bauzwecke; Kraftmaschinen zur Erzeugung von Dampf, sowie andere Maschinen und Dampfkessel; Näh- und Strickmaschinen und Teile von solchen; [Maschinenfilz für Maschinen zur

Zollsatz
Vom Werte
vH.

        Herstellung von (feuchtem) Ganzzeug]; Dampf-Kessel und -Maschinen, Propeller, Winden und Maschinenteile zum Gebrauch auf Schiffen, nicht anderweit besonders aufgeführt; Dampfmaschinen zum Gebrauch in hiesigen Gewerben, und Dampfkessel, die nicht zu Heizungszwecken verwendet werden, nicht anderweit besonders aufgeführt, und transportable Sägemühlen **25**

        c) Maschinen zum Krempeln von Wolle, Spinnräder, Wollkratzen, Wasserräder, Stahlpropeller, nicht anderweit besonders aufgeführt, Liniermaschinen und Federn dazu; Buchbinder-Werkzeuge und -Geräte, [Buchbinderdraht], Heftmaschinen **10**

159 Landwirtschaftliche Geräte und Maschinen, anderweit nicht genannt, und Heubinder, Knochenmühlen, Heu- und Futterschneidemaschinen, Windmotore, Rahmscheider und Brutöfen . . . . **frei**

195 Maschinen jeder Art, zum Gebrauch beim Brechen von Kohle oder Erzen in unterirdischen oder offenen Gruben, nämlich: Ratschbohrer, Kohlenschrämmaschinen, Wasserhaltungsmaschinen jeder Art zum Gebrauch bei der Herausschaffung von Wasser aus unterirdischen oder offenen Grubenwerken an die Oberfläche. Fördermaschinen oder andere Maschinen zum Gebrauch als Kraftwerk zum Heben von Erzen oder Kohle aus einer unterirdischen oder offenen Grube an die Oberfläche. Brechmaschinen oder andere Maschinen zum Gebrauch beim Brechen von Erzen zu dem Zweck, um den Raffinierprozeß oder den Transport zu erleichtern. Besondere Maschinen jeder Art zum Gebrauch beim Waschen, bei der Aufbereitung, Reduktion oder Raffinierung von Erzen oder Kohle oder zur Herstellung von Ziegeln. Bohrer jeder Art zum Schürfen, zum Gebrauch bei der Feststellung des Umfanges oder des unterirdischen Bestandes von Kohle, Öl oder Erzen. Krane und Auslieger zum Gebrauch bei der Förderung von Kohle oder Erzen aus den Werken an die Oberfläche. Kompressoren zum Gebrauch für den Betrieb einer der vorgenannten Maschinen. [Zünder aller Art, Sprengbatterien, Batteriedraht und Stahl für Bohrer zur ausschließlichen Verwendung in Bergwerken; schmiedeeiserne oder andere Röhren zur Überleitung von Dampf, komprimierter Luft oder Wasser durch die unterirdischen oder offenen Grubenwerke und von der Sammelstelle zur Ausflußstelle]. Maschinen oder andere Vorrichtungen zur Beförderung von Kohle oder Erzen innerhalb des Bergwerks oder aus den Werken an die Oberfläche. (Das Wort »Maschine« in dieser Tarifstelle soll nicht Dampfkessel oder Teile davon einschließen oder darauf Bezug haben) . . . . **frei**

Maschinen zur Herstellung von Schnüren, Stricken, Netzen, Schleppnetzen, Tauwerk oder anderem Fischereizubehör in der Kolonie . . . . **frei**

205 Druckerpressen und Druckereigerätschaften, von Druckern bona fide zum Gebrauch in ihrem Geschäft eingeführt . . . . **frei**

Feuerlöschmaschinen,
Garten- und Rasensprengapparate,
Kassenregistrierapparate,
Kraftmeßmaschinen jeder Art, ... **35**
Messingpumpen,
Pferde- und Haarschermaschinen,
Wringmaschinen für den Hausgebrauch,
Werkbankmaschinen **25**

Zolltechnische u. a. Bestimmungen allgemeiner Art.

    M ü n z e n: 1 Dollar Courant = 100 Cent = 4,24 ℳ

    Muster ohne Handelswert sind **zollfrei.**

    Als W e r t der Ware soll der M a r k t p r e i s gelten, den die Ware beim Verkaufe zum Verbrauch an den Hauptmärkten des Herkunftlandes zu der Zeit hatte, wo die Ware zur direkten Ausfuhr nach der Kolonie gelangte.

    Als Marktpreis für solche Waren soll der Preis bei den gewährten gewöhnlichen kaufmännischen Zahlungsfristen, nicht aber der Preis bei Barzahlung gelten, ausgenommen, wenn es sich um Waren handelt, die nach allgemeinem Brauche als Kassaartikel betrachtet werden, bezw. bei denen bona fide geschäftliche Abmachungen als gegen bare Kasse abgeschlossen gelten; bei Fakturen, welche auf Kassa lauten, werden, abgesehen von den erwähnten Fällen, Zuschläge gemacht, welche der Zollkollektor oder Warenabschätzer (Appraiser) für angemessen erachtet, um den nach dieser Bestimmung erforderten richtigen und angemessenen Marktpreis zu erreichen.

Bei Bestimmung des Zollwertes der Waren, ausgenommen der aus Großbritannien und Irland zur Einfuhr gelangenden, sollen zu den Kosten oder dem Großhandelspreis oder zu dem Marktpreise des Herkunftlandes die Kosten der Beförderung der Ware von deren Ursprungsorte bis zum Schiffe hinzutreten, mit welchem die Verschiffung im Transitverkehr oder direkt nach der Kolonie erfolgt. Bei Meinungsverschiedenheiten über die Höhe dieser inländischen Transportkosten soll der Generaleinnehmer endgültige Entscheidung treffen.

Wird ein Gegenstand in einzelne Teile zerlegt eingeführt, so soll jeder einzelne mit demselben Zollsatze wie der vollständige Gegenstand belegt werden, nach verhältnismäßiger Wertabschätzung; liegt auf der Ware ein spezifischer oder ein spezifischer und Wertzoll, so soll ein angemessener Teil des Wertzolles, in Höhe des zu erhebenden spezifischen oder spezifischen und Wertzolles, für die einzelnen Teile der Ware bestimmt und erhoben werden.

Bezüglich der W a r e n v e r p a c k u n g interessieren folgende Bestimmungen:

a) Jede unmittelbare Verpackung oder Hülle, in welche die Waren zum Zwecke des Verkaufes eingeschlossen sind, soll, wenn sie Waren enthält, die einem Wertzoll oder einem spezifischen und Wertzoll unterliegen, in allen nicht anderweit vorgesehenen Fällen mit demselben Wertzollsatze belegt werden, welcher von den in ihr enthaltenen Waren zu erheben ist, falls der Wert der Umschließungen nicht in den Wert solcher Waren eingeschlossen ist.
b) Alle Umschließungen, welche nur einem spezifischen Zolle unterworfene Waren enthalten und nicht anderweit vorgesehen sind, sollen mit einem Zolle von **20 vH.** des Wertes belegt werden, außer in dem Falle, wenn der Wert der Umschließung in den Wert der Waren eingeschlossen ist.

Für S c h i f f e und andere Wasserfahrzeuge, sowohl Dampf- als Segelschiffe, welche in einem fremden Lande gebaut sind, soll bei der Anmeldung zur Registrierung in dieser Kolonie auf den wirklichen Marktwert des Schiffskörpers, der Takelage, der Kessel, Dampf- und anderen Maschinen sowie aller Zubehörteile **5 vH.** des Wertes mit der Einschränkung erhoben werden, daß diese Bestimmung keine Anwendung findet auf in einem fremden Lande gebaute Schiffe, welche ständig in Verbindung mit dem Handel oder der Fischerei dieser Kolonie verwandt werden sollen.

Nicaragua.

Zolltarifausgabe vom Jahre 1903.

Zollsatz
in Pesos
für 1 kg

Für n i c h t b e s o n d e r s a u f g e f ü h r t e W a r e n, welche nicht untergebracht werden können, sind **150 vH.** des Betrages der Originalfaktura zu entrichten.

Wenn zugleich mit Maschinen oder gewerblichen Vorrichtungen als Zubehör zu ihnen im Tarif oder in dem Warenverzeichnis mit Zoll belegte Gegenstände in Mengen eingehen, die nach dem Ermessen des Zollamtsvorstehers den zur Inbetriebsetzung unerläßlichen Bedarf übersteigen, so ist die überschüssige Menge entsprechend zu verzollen. Unter Zubehör werden die Teile oder Waren verstanden, ohne deren Benutzung die Maschinen oder Vorrichtungen nicht zweckmäßig arbeiten.

310	Flaschenzüge, Blockrollen, Winden	**0,15**
594	Automatische Geldregistrierapparate	**0,50**
625	Blockrollen und Flaschenzüge	**0,10**
1444	Destillierkolben und Destillierapparate (mit besonderer Erlaubnis)	**frei**
1447	Münzprägungsapparate	**verboten**
1448	Feuerspritzen und Feuerlöschapparate	**frei**
1450	Apparate zur Vervielfältigung von Handschriften	**frei**
1452	Apparate zum Ausschenken von gashaltigen Wassern	**0,10**
1453	Apparate zum Mischen von Getränken	**0,20**
1456	Pumpen zur Wassergewinnung	**frei**
1457	Pumpen und Turbinen	**frei**
1468	Nähmaschinen jeder Art mit Nadeln und sonstigem Zubehör	**frei**
1470	Schreibmaschinen, Kontrollapparate nebst Zubehör und sonstige ähnliche Apparate	**0,50**
1471	Maschinen jeder Art und deren Zubehör, nicht besonders aufgeführt	**frei**
1473	Rammen zum Hineintreiben von Pfählen	**frei**
1477	Windmühlen	**frei**
1478	Dampfmotoren und Motoren, die durch Tierkraft bewegt werden	**frei**
1480	Pressen und sonstige Druck-, Lithographie- und Gravier-Apparate	**frei**
1534	Reinigungs- und Sortiermaschinen für Kaffee und Kornfrüchte	**frei**
1578	Maschinen zum Enthülsen	**frei**

Zollsatz
in Pesos
für 1 kg

1579 Maschinen zum Säubern der Baumwolle . . . . **frei**

1594 Druckereien und Zubehör . . . . **frei**

[1615 Pfannen zur Fabrikation von Salz, Zucker oder für irgendwelche andere Industrie **frei**]

1626 Rettungsapparate für Schiffbrüchige . . . . **frei**

1633 Flaschenzüge oder Blockrollen für Fahrzeuge . . . . **frei**

1454 Manometer für Dampfmaschinen und ähnliche Zwecke . . . . **frei**

Zolltechnische u. a. Bestimmungen allgemeiner Art.

M ü n z e n: 1 Peso (Dollar) = 100 Centavos = 4,05 ℳ.
M a ß e: Metrische.
G e w i c h t e: Gewichteinheit ist das Pfund = 0,454 kg.
Deutschland genießt die Meistbegünstigung.
Die Zölle werden nach dem R o h g e w i c h t erhoben.
Alle Ausfuhrzölle und Gebühren usw. sind in Goldmünze der Vereinigten Staaten oder in erstklassigen Handelssichtwechseln auf Plätze des genannten Landes zu entrichten.
Die Ein- und Ausfuhrzölle im Zollamte des Bluff sind um 5 vH. erhöht.

Waren, die im Zolltarife oder dem Warenverzeichnisse zu dem gegenwärtigen Gesetze mit den Worten »aller Art« ohne Hinzusetzung der Ausnahme »nicht besonders aufgeführt« bezeichnet sind, unterliegen dem ihrer Nummer entsprechenden Zolle, auch wenn sie andere Stoffe, ausgenommen Gold, Silber oder Platin enthalten.

Waren, die aus zwei oder mehreren Stoffen zusammengesetzt und nicht ausdrücklich im Tarif oder dem Warenverzeichnis aufgeführt sind, unterliegen dem Zolle des der Menge nach vorherrschenden Stoffs, sofern keiner der anderen Bestandteile aus Gold, Silber, Platin, Seide, Wolle, Leinen oder anderen hochbelegten Stoffen besteht; letzterenfalls sind sie wie solche zu verzollen.

Gewebe, die als Schutz für Waren im Inneren der Packstücke dienen, müssen angemeldet werden und sind nach dem Tarif zu verzollen, ohne Rücksicht auf Menge und Art der Gewebe, mit Ausnahme von wasserdichtem Wachs- und Teertuch oder von Umschließungen aus Zinn, Blech oder Zink, die lediglich zum Schutze der Waren gegen äußere Feuchtigkeit dienen und in der dazu unerläßlichen Menge benutzt werden.

Für die im Tarif oder im Warenverzeichnisse nicht aufgeführten Waren ist der Zoll der nächstähnlichen gemäß den gesetzlichen Bestimmungen zu entrichten; sind aber die Waren aus verschiedenen Stoffen zusammengesetzt, so wird der zusammengesetzte Gegenstand nach dem Stoffe, der mit dem höchsten Zolle belegt ist, verzollt.

Wenn die nach den Bestimmungen des vorstehenden Artikels zu verzollenden Waren aus dem selben Rohstoffe bestehen, wie er auch im Lande erzeugt wird, so werden die Zölle auf **200 vH.** des Betrags der Faktura erhöht.

Wenn die nicht besonders genannten Gegenstände aus Materialien oder Grundstoffen für Kunst oder Gewerbe oder für landwirtschaftliche oder gewerbliche Unternehmungen bestehen, die zu keinem weiteren gewöhnlichen Gebrauche zu privatem oder ausschließlichem Zwecke verwendet werden können, so wird der Zoll auf **100 vH.** der betreffenden Grundsumme ermäßigt.

Das Wort »Reinheit«, das im Tarif oder Warenverzeichnisse mit Bezug auf gewerbliche Erzeugnisse gebraucht wird, darf nicht in der strengen oder wissenschaftlichen Bedeutung dieses Ausdrucks verstanden werden. Es genügt, daß sich in dem Artikel die Stoffe nachweisen lassen, aus denen er bestehen soll, um als rein im Sinne des Zolltarifs betrachtet zu werden.

Peru.

Zolltarifausgabe vom Jahre 1901.

Zollsatz
vom Werte
vH.

Zu den Einfuhrzöllen tritt noch ein Z u s c h l a g   v o n 8 vH. hinzu.

1000 Feuerspritzen, Pumpen für Bergbau und für Landwirtschaft mit oder ohne Dampfmaschine . . . . **frei**

1046 Calorifero marin, ein Material für Dampfmaschinenrohre **10**

1084 Kratzen jeder Größe zum Rauhen des Tuches . . . . **frei**

1369 Apparate, mechanische zum Heben von Gewichten; Kessel für Maschinen . . . **frei**

1572 Druckereien aller Art mit Zubehör, ausgenommen Lettern . . . . **frei**

1741 Manometer für Maschinen **10**

1743 Maschinen, Dampf-, hydraulische aller Art und sonstige mit Elementartriebkraft **frei**

1744 Desgl. für die Zwecke des Acker- und Bergbaues und der damit verwandten Gewerbe **frei**

1745 Desgl. für Eisengießereien und Werkstätten für Eisen- und Holzwaren . . . . . **frei**

Zollsatz
vom Werte
vH.

1746 Desgl. für Weberei-Anlagen . . . . **frei**

1747 Nähmaschinen zum Handgebrauch . . . . **frei**

1748 Desgl. zum Treten, mit Tisch, mit oder ohne Schublade, — und Strickmaschinen **frei**

1749 Desgl. vollständige, sogenannte Kabinettnähmaschinen **10**

1750 Maschinen für Künste und Gewerbe **10**

1752 Waschmaschinen ohne Auswringer **10**

1759 Maschinen, kleine, zum Einfügen von Metall-Ösen und -Knöpfen **10**

1792 Blockrollen und Gienblöcke . . . . **frei**

1996 Pressen für Buchdruckerei oder Lithographie, für Futter, Baumwolle, Wolle, Trauben
     und andere landwirtschaftliche Zwecke . . . . **frei**

2019 Ersatzteile für Nähmaschinen. . . . . **frei**

2020 Desgl. oder einzelne Teile zu Triebmaschinen und zu Maschinen aller Art, für Bergbau,
     Landwirtschaft, Fabriken- und Gewerbebetriebe **10**

2148 Ventilklappen aus Kautschuk für Maschinen **10**

     Nicht besonders genannte Waren **40**

> Anmerkung. Als einzelne Teile zu Maschinen sind solche Gegenstände anzusehen, die nicht ausdrücklich unter irgend einer Position aufgeführt sind und die nach der Form oder Beschaffenheit, in der sie zur Verzollung gelangen, auch wenn sie nicht vollständig fertig sind, lediglich dazu dienen und keine andere Verwendung finden können, als einen Maschinenteil zu bilden; im Falle sie vollständig fertig eingehen, sind sie nach einer der Positionen des Tarifs für Maschinerein zu schätzen.
>
> Röhren, Stangen, Achsen, Schrauben, Bleche, Platten, Draht und andere ausdrücklich im Tarif benannte Gegenstände sind stets nach den betreffenden Positionen, unter die sie gehören, zu schätzen, auch wenn sie für Maschinen verwendet werden sollen.
>
> Werkzeuge, Geräte und Zubehör, die in den Künsten und Gewerben verwendet werden, sind nicht als Maschinenteile anzusehen, sondern nach dem Material, aus dem sie hergestellt sind, zollpflichtig.

Zolltechnische u. a. Bestimmungen allgemeiner Art.

M ü n z e n : 1 Peruanisches Goldpfund = 10 Soles = 1 Pfund Sterling = 20,43 ℳ.

M a ß e und G e w i c h t e : Metrische.

Der W e r t der Waren wird jedes Jahr neu geschätzt. Der Prozentsatz wird von diesem abgeschätzten, im W e r t s c h ä t z u n g s t a r i f enthaltenen Werte erhoben.

Die Zölle sind in Pfund Sterling oder in Silber zum Kurse von 10 Soles + 5 vH. zu entrichten.

Auf die über den Hafen von Callao eingehenden Waren ist ein Z o l l z u s c h l a g v o n 1 vH. gelegt.

Muster ohne Handelswert sind zollfrei, solche von Wert müssen dagegen entweder verzollt oder zum Gebrauch untauglich gemacht werden.

Zolltarifänderungen im Departement Loreto.

Der Zolltarif für das Departement Loreto ist durch Gesetz vom 27. Januar 1906, das 120 Tage nach Kundmachung in Kraft getreten ist, wie folgt, geändert worden:

Folgende Waren sind **zollfrei**: Lebendes Vieh, Dampf- oder andere Schiffe, Kohle, W e r k z e u g e und M a s c h i n e n a l l e r A r t f ü r L a n d w i r t s c h a f t und G e w e r b e, Eisenbahnschienen nebst Zubehör und Eisenbahnbetriebsmaterial, Goldmünzen, Lehrbücher und Lehrgeräte, Öfen für den Gewerbegebrauch, k u p f e r n e D e s t i l l i e r a p p a r a t e, K e s s e l a u s E i s e n o d e r K u p f e r im Gewicht von mehr als 46 kg, Schalen und andere Geräte, die ausschließlich zum Aufsammeln von Gummi benutzt werden.

Alle anderen Waren unterliegen einem Einfuhrzoll von **30** vH. des Wertes mit Ausnahme der in Gold und Silber gefaßten Edelsteine sowie der ungefaßten Edelsteine, welche mit **3** vH. des Wertes zollpflichtig sind, sowie der Gold- und Silberwaren, die mit **10** vH. des Wertes verzollt werden. (The Board of Trade Journal Nr. 488 vom 5. April 1906.)

Salvador.

Zolltarifausgabe vom Jahre 1901.

Bei der Wareneinfuhr nach Salvador werden a u ß e r d e n Z ö l l e n noch f o l g e n d e S t e u e r n für 100 kg erhoben:

    1 Peso für die Justizverwaltung,

    1,50 Peso Gutscheine für die Zentraleisenbahn,

    2 Peso Ein- und Ausfuhrgutscheine,

    0,50 Peso Gutscheine für Dampferbeihilfen,

    3 Peso Silber für die Staatskasse.

Außerdem werden vom Gesamtzolle 30 vH. in Silber für Wohltätigkeitsanstalten nach Bestimmung der Regierung erhoben. Von der Zahlung der Steuer von 3 Pesos für 100 kg sind diejenigen Gegenstände befreit, welche als solche ausdrücklich im Tarif bezeichnet sind. (Siehe unter zolltechn. u. a. Bestimmungen.)

Zollsatz
in Pesos
für 1 kg

H o l z :

82 Pumpen **0,01**
87 Handmaschinen zum Verkorken von Flaschen. **0,30**

E i s e n u n d S t a h l :

100 Landwirtschaftliche Maschinen . . . . **frei**

> Anmerkung. Maschinen zur Verarbeitung und Verbesserung landwirtschaftlicher Erzeugnisse des Landes werden als Ackerbaumaschinen angesehen und sind von Zöllen und Steuern befreit.

101 Flaschenzüge, Krane, große Pressen für gewerbliche Zwecke; Blockrollen; lithographische Pressen; schwere Pumpen für Brunnen und zu anderen Zwecken; Maschinen aller Art für Fabrikunternehmen; Kraftmotore aller Art. **0,01**

G u ß e i s e n i n S t ü c k e n w i e :

104 [Kopierpressen;] nicht genannte Maschinen, zum Betrieb durch Kurbel, Hebel oder Pedal, mit Ausnahme der in der Landwirtschaft gebrauchten **0,05**
105 Drehbänke und Pressen von Gußeisen **0,10**
109 Fruchtpressen **0,30**

B r o n z e , K u p f e r , a u c h M e s s i n g :

120 Branntwein-Destillierapparate **0,01**
  (Diese Apparate dürfen nur mit Genehmigung des Finanzministers eingeführt werden.)
  (Nr. 120 zahlt die Steuer von 3 Pesos für 100 kg nicht.)
125 Destillierapparate, nicht zu Branntwein **0,50**
  (Dürfen nur mit besonderer Genehmigung des Finanzministers eingeführt werden.)
183 Feuerlösch-Apparate und Spritzen . . . . **frei**
184 Apparate zum Vervielfältigen von Handschriften **0,10**
  (Siehe Maschinen, Werkzeuge oder Geräte.)
289 Filter- und Destillierapparate aller Art und aus jedem Stoff . . . . **frei**
339 Schwere Maschinen aller Art, nicht benannt **0,01**
  (Nr. 339 zahlt die Steuer von 3 Pesos für 100 kg nicht.)
aus
340 Schreib-Maschinen **0,30**
aus
351 Bergwerksgerät, Maschinerien aus Eisen und Zubehör, einschließlich Pumpen, Motoren, [Zapfenlager, Blockrollen und Riemen aller Art, Bankschrauben aus Eisen, Göpel, Ambosse, Schmieden, Eisenketten, Stahlkabel, Eisenstangen, Tonnen,] Hebezeug und andere notwendige Werkzeuge; [große Wagen (4 bis 5 Tonnen Tragfähigkeit), achteckiger Stahl zur Herstellung von Bohrern, Bergmannslampen, Picken, Meißel, Hämmer und Schlägel zum Zerklopfen von Erzen, Handkarren, chemische Wagen] . . . . **frei**
  (Zur Abfertigung dieser Waren als Gegenstände für den Bergbau ist eine Anordnung des Finanzministers erforderlich.)
402 Webstühle aller Art . . . . **frei**
409 Apparate für Uhrmacher, Silberarbeiter, Juweliere **1,00**
aus
411 Apparate, Maschinerien, nicht genannt, für Druckereien, Eisenbahnen, Hafenladeplätze, für die Herstellung der Beleuchtung mit Leuchtgas, Azetylen und anderen Gasarten **0,01**
  (Nr. 411 zahlt die Steuer von 3 Pesos für 100 kg nicht.)
423 Apparate zur Herstellung von Münzen . . . . **verboten**

Zolltarifentscheidungen.

Folgende Waren sind bei der Einfuhr nach Salvador **zollfrei:** Die in den Nrn. 101 und 339 des Tarifs aufgeführten M a s c h i n e n n e b s t E r s a t z - u n d Z u b e h ö r s t ü c k e n , mit Ausnahme der Röhren und Schläuche aller Art, die für dergleichen Maschinen bestimmt sind. (The Board of Trade Journal Nr. 525 vom 20. Dezember 1906.)

Zollbehandlung von Ersatz- und Zubehörstücken von Maschinen.

Bei Anwendung des Beschlusses vom 10. Oktober 1906, wonach die unter den Tarif-Nrn. 101 und 339 des Zolltarifs aufgeführten Maschinen nebst Ersatz -und Zubehörstücken, mit Ausnahme der für dergleichen Maschinen bestimmten Röhren und Schläuche, in Zukunft **zollfrei** sind, waren Zweifel entstanden, ob hierdurch der Artikel 592 des Tarifs aufgehoben oder geändert ist, wonach die Zubehörstücke zu Maschinen oder anderen Apparaten als solche nur bis zu der Menge angesehen werden, welche zum Beginne des Betriebs unbedingt nötig ist, daß hingegen die später unter dieser Benennung eingehenden sowie die nach Berechnung der vorbezeichneten Menge verbleibenden Waren den tarifmäßigen Zollsätzen unterliegen. Die Exekutivgewalt hat deshalb unterm 21. Dezember 1906 folgendes verfügt:

Der Artikel 592 des Tarifs muß als in Kraft befindlich betrachtet werden und findet nur auf die Zubehörstücke zu Maschinen Anwendung.

Die Ersatzstücke für Maschinen, die sich als zu den Maschinen gehörige Stücke oder Bestandteile darstellen, wie Kesselroste, Dollbäume, Blockrollen, Zahnräder, Wellen zur Übertragung von Kraft, Manometer, Injektoren, Kessel und alle anderen dergleichen Art sind immer frei, mögen sie zusammen mit der Maschine oder später für sich eingeführt werden.

Die Zubehörstücke oder die Materialien und Gegenstände, die sich nicht als zu den Maschinen gehörige Bestandteile darstellen, wie Packungen aus Kautschuk, Asbest und Leder, Treibriemen aller Art, Handölkannen, gewöhnliches oder ungereinigtes Maschinenöl, Werg zum Reinigen, feuerfeste Steine und Chamotte, Glaszylinder zum Abmessen an Kesseln, Ventile und andere Gegenstände ähnlicher Art sind bei der Einfuhr in bezug auf Zollsatz, Zeit und Menge den Vorschriften des Artikels 592 des Tarifs unterworfen.

Alle Geräte für Handwerker, Röhren im allgemeinen und Schläuche aller Art dürfen auf keinen Fall als Ersatz- oder Zubehörstücke von Maschinen angesehen werden. (Diario oficial vom 22. Dezember 1906.)

Zolltechnische u. a. Bestimmungen allgemeiner Art.

M ü n z e n: 1 Peso = 100 Centavos = 4,05 ℳ

M a ß e und Gewichte: Metrische.

Alle Sätze des Zolltarifs sind vom R o h g e w i c h t e zu erheben.

Warenproben ohne Wert in verwertbaren Abschnitten oder Stücken unterliegen nach Tarif-Nr. 353 einem Zolle von **0,01** Peso für 1 kg, sind aber von der Steuer von 3 Pesos für 100 kg befreit.

Ein Dekret vom 22. März 1907 bestimmt:

Vom 1. April 1907 ab werden die gemäß Artikel 573 des Zolltarifs bei der Einfuhr von Waren zu erhebenden S t e u e r n von 8 Pesos Silber für 100 kg auf 3,60 Pesos amerikanischen Goldes herabgesetzt, die bar oder in Banksichtwechseln auf die Vereinigten Staaten von Amerika zu zahlen sind. (Diario oficial vom 26. März 1907.)

Uruguay.

Zolltarifausgabe vom Jahre 1887.

Zollsatz vom Werte vH.

N i c h t besonders aufgeführte Waren unterliegen einem Wertzolle von **31** vH.

Einem Zuschlagzolle von 5 vH. des in Kraft stehenden Schätzungstarifs unterliegen alle n i c h t zollfreien Waren mit Ausnahme der mit * bezeichneten.

Außerdem wird noch ein Zuschlagzoll von 3 vH. des Wertes der eingeführten Waren erhoben.

Der Senat und die Deputiertenkammer der Republik Uruguay haben einen Einfuhrzuschlagzoll von 1/2 vH. auf alle Waren des Inlandverbrauches genehmigt, jedoch die Gebühr von 1 vH. auf die von den Konsuln mit einem Visum versehenen Frachtbriefe aufgehoben. Die Vorzeigung der letzteren ist nun nicht mehr nötig.

	Zollsatz vom Werte vH.
*Maschinen oder Pressen für Typographie oder Lithographie	8
Maschinen für industrielle Anlagen sowie deren Reserveteile	5
Desgl. für Landwirtschaft sowie deren Reserveteile	5
Desgl. für Schiffe	frei
Nähmaschinen	frei
*Apparate, welche für naturwissenschaftliche, physikalische und mathematische Studien bestimmt sind	6

Zolltarifentscheidungen.

Laut Verordnung vom 24. April 1907 sind S c h r e i b m a s c h i n e n wie l i t h o g r a p h i s c h e und t y p o g r a p h i s c h e M a s c h i n e n und P r e s s e n nach Nr. 1986 des Tarifs mit **8** vH. ihres nach Sicht abzuschätzenden Wertes zu verzollen, wozu nur die Zuschlagszölle von 3 und 1/2 vH. des Wertes hinzutreten. Dagegen findet der Zuschlag von 5 vH. (gemäß Art. 1 des einschlägigen Gesetzes vom 4. Oktober 1890) keine Anwendung. (Diario oficial vom 26. April 1907.)

Zolltechnische u. a. Bestimmungen allgemeiner Art.

Münzen: 1 Peso Gold = 100 Centimos = 4,35 ℳ.
Maße und Gewichte: Metrische.

Deutschland genießt die Meistbegünstigung.

Für die der Verzollung zugrunde zu legenden Werte ist der Schätzungstarif maßgebend.

Bis zur Prägung von Landesgoldmünze sind die Zölle in Pfund Sterling Metallwährung zum Kurse von 10 Soles für 1 Pfund Sterling zu zahlen. Sie können auch in peruanischem Silbergelde mit einem Aufschlag erhoben werden, welcher dessen Entwertung im Verhältnisse von 10 Soles zu 1 Pfund Sterling entspricht.

Für die Wareneinfuhr wird ein Zollzuschlag von 3 vH. — vgl. vorstehend — und für die Ausfuhr ein solcher von 1 vH. zum Baue des Hafens von Montevideo erhoben.

Von diesen Zollzuschlägen sind befreit: die auf Grund besonderer Gesetze von Zöllen befreiten Waren, die Ein- und Ausfuhr von lebendem Vieh und die zur Versorgung oder zum Verbrauche der Schiffe bestimmten Gegenstände.

Vereinigte Staaten von Amerika.

Zolltarifausgabe vom Jahre 1889.

Gegenstände oder Waren, in dem Tarife nicht besonders vorgesehen, ganz oder teilweise aus Eisen, Stahl, Blei, Kupfer, Nickel, Zinn, Zink, Gold, Silber, Platina, Aluminium oder anderem Metall, und ganz oder teilweise fertiggestellt, unterliegen einem Wertzolle von **45 vH.**

146 Kratzenbeschläge:

aus geglühtem Stahldraht . . . . für 1 Quadratfuß **45** Cent

alle anderen . . . . » 1 » **20** »

460 Erntemaschinen, Mähmaschinen, Säe- und Pflanzmaschinen, Grasmähmaschinen, Pferderechen, Kultivatoren, Dreschmaschinen

und Egreniermaschinen . . . . vom Werte **20 vH.**

Zolltarifentscheidungen.

Kratzenmaschinen, die auseinandergenommen mit den zugehörigen Kratzentüchern in verschiedene Kisten verpackt zusammen eingehen, sind mit den Tüchern zusammen nach § 193 des Tarifs mit **45 vH.** des Wertes zu verzollen, da die Tücher einen wesentlichen Bestandteil der Maschinen bilden. (Verfügung des Schatzamts vom 17. Oktober 1905.)

Platten aus Gußstahl für Kugelmühlen, nach dem Gießen noch durch maschinenmäßige Bearbeitung gebrauchsfähig gemacht, sind nicht als Eisenformgußstahl, sondern als Stahlwaren nach § 193 des Tarifs mit **45 vH.** des Wertes zu verzollen. (Desgl. vom 2. November 1905.)

Gegenstände aus Stahl oder anderem Metall, die die Herstellung und Zusammensetzung der Flügel einer Dampfturbine veranschaulichen, dem Maschinenbauer die Idee des Erfinders erklären und offenbar nur als Modelle, nicht aber als Instrumente oder Werkzeuge bei der wirklichen Herstellung der Maschinen dienen sollen, sind als Modelle nach Nr. 616 der Freiliste zum Tarif **zollfrei** zu lassen. (Desgl. vom 27. November 1905.)

Maschinenpackung, deren Kern aus Kautschuk besteht, welcher von einer Hülle aus verschiedenen zusammengesetzten Stoffen umgeben ist, die ihrerseits eine Außenhülle aus Asbest hat, ist, da der Asbest dem Werte nach den Hauptbestandteil bildet, nach § 448 des Tarifs mit **25 vH.** des Wertes zu verzollen. Besteht die Außenhülle aus Pflanzenfaser, die gleichfalls dem Werte nach den Hauptbestandteil bildet, so ist die Maschinenpackung nach § 347 ebenda mit **45 vH.** des Wertes zollpflichtig. (Desgl. vom 26. Januar 1906.)

Zolltechnische u. a. Bestimmungen allgemeiner Art.

Münzen: 1 Dollar = 100 Cent = 4,20 ℳ.
Maße: 1 Yard = 3 Fuß = 36 Zoll = 0,9144 m.
Gewichte: 1 Tonne = 1016,047 kg; 1 Pfund = 16 Unzen = 0,4536 kg.

Unter dem zollpflichtigen Werte einer Ware wird verstanden ihr wirklicher Marktwert oder Großhandelspreis, wie sie im gewöhnlichen Großhandelsverkehr ge- und verkauft wird, zur Zeit der Ausfuhr nach den Vereinigten Staaten auf den Hauptmärkten des Landes, von wo sie eingeführt worden, einschließlich des Wertes aller Kartons, Schachteln, Körbe, Kisten, Säcke und sonstiger Umschließungen jeder Art und aller Kosten, Unkosten und Abgaben, wie sie aus dem Aufmachen und der Verpackung der Ware für den Transport nach den Vereinigten Staaten erwachsen mögen.

Asien.

Britisch-Ostindien.

Zolltarifausgabe vom Jahre 1894.

Nicht besonders genannte Waren unterliegen einem Wertzolle von 5 vH.

aus

13 Maschinen, Werkzeuge und Geräte zum Hand- oder Tierbetrieb **5**
    mit folgenden Ausnahmen, welche **frei** sind:
    (i) Wasserhebemaschinen, Zuckersiedereimaschinen, Ölpressen und Bestandteile
        von solchen sowie von anderen Maschinen und Maschinenteilen, die gewöhnlich
        in der Landwirtschaft oder zur Herrichtung der landwirtschaftlichen Erzeug-
        nisse zum Gebrauch oder zum Verkauf verwendet werden, und von der Regie-
        rung durch Bekanntmachung in der Gazette of India als zollfrei ausgenommen
        werden können;
    (ii) folgende landwirtschaftliche Geräte, wenn sie mittels der Hand oder durch
        Tierkraft in Tätigkeit gesetzt werden können: Kornschwinger, Dreschmaschi-
        nen, Mähmaschinen aller Art, Hebewerke, Samenquetscher, Häckselschneider,
        Wurzelschneidemaschinen, Pferde- und Ochsengöpel, Pflüge, Ernteeggen,
        Messereggen, Eggen, Schollenbrecher, (Rillen-) Säemaschinen, Heuwende-
        maschinen und Heurechen;
    (iii) folgende Molkereigeräte, sofern sie so eingerichtet sind, daß sie mit der Hand
        oder mit Tierkraft betrieben werden können: Rahmscheider, Anlagen zum
        Sterilisieren oder Pasteurisieren von Milch, Milchkühlapparate, Butterfässer,
        Buttertrockenapparate und Butterknetmaschinen;
    (iv) in der Baumwollenindustrie gebrauchte Artikel wie: Spulen (für Weberei),
        Gabeln für Webstühle, Litzen, Platinenschnüre, Litzenstricknadeln, Litzen-
        hebel, Bewegungsverzögerungen und Nadeln für Schaftmaschinen, Peckers
        (aus Büffelleder und andere), Lockermaschinen-Bänder, -Schneller, Treiber-
        hebel (obere und untere), Rietzangen, Weberkämme, Weberschiffchen (für
        Maschinenwebstühle), Triebfedern für Webstühle, Riemen- und Abstellgabeln;
    (v) Schützenkasten-Unterlagen (box backs) und Schützenhalter (swells) sowie
        rohe ungestaltete Spulenenden, wenn sie von einem Fabrikanten oder Inhaber
        einer Weberei oder für einen solchen eingeführt werden und von diesem be-
        scheinigt wird, daß sie ausschließlich zum Gebrauch in seiner Fabrik bestimmt
        sind.

14 Maschinen, nämlich Motore und Bestandteile davon, einschl. Kessel und deren Be-
    standteile; ferner Lokomotiven und Lokomobilen, Dampfwalzen, Feuerspritzen
    und andere Maschinen, bei welchen der Motor sich von den Getriebeteilen nicht
    trennen läßt . . . .   **frei**
    Maschinen und Maschinenteile, und zwar Maschinen oder Maschinensätze, die durch
    Elektrizität, Dampf, Wasser, Heißluft oder andere Kraft, jedoch mit Ausnahme
    von Hand- oder Tierkraft getrieben werden, oder welche zum Inbetriebsetzen mit
    anderen Getriebeteilen in Beziehung gebracht werden müssen . . . .   **frei**
        Hierunter sind jedoch nicht begriffen Werkzeuge und Geräte, die mit Hand- oder
    Tierkraft in Tätigkeit gesetzt werden; ferner sind nur solche Artikel als Bestand-
    teile von Maschinen zuzulassen, die zum Arbeiten der Maschine unumgänglich
    erforderlich und wegen ihrer Form oder ihrer sonstigen eigentümlichen Beschaffen-
    heit nicht für andere Zwecke geeignet sind.

Anmerkung. Maschinen und deren Bestandteile, aus anderen Materialien als Metall, sind in
diese Position eingeschlossen.

Zollsatz
vom Werte
vH.

aus
57 Druck- und Lithographiermaterial, und zwar: Pressen . . . . **frei**
60 Eisenbahnmaterial für den Oberbau und die Fahrbetriebmittel, u. a. Drehscheiben,
    Lokomotiven, Hebekrane . . . . **frei**
    Destillier- und Taucherapparate, Schreibmaschinen. **5**
    Maschinen zur Herstellung oder zum Laden oder Verschließen von Patronen
                 für 1 Stück . . . . . . **10** Rup.
    Kapselmaschinen für Patronen . . . . für 1 Stück . . **2** Rup. **8** Annas

Zolltarifentscheidungen.

Laut Bekanntmachung des Departements für Handel und Industrie vom 18. Juli 1906 Nr. 5567/52, können folgende A r t i k e l , w e n n s i e f ü r D r u c k - u n d l i t h o g r a p h i s c h e Z w e c k e e i n g e h e n , bei der Einfuhr nach Britisch-Ostindien **zollfrei** gelassen werden:
Walzengießformen, Walzengestelle und Walzenstangen, Walzenmasse, feststehende Schrauben- und Heizpressen, Lochmaschinen, Gold-Prägepressen, Vorrichtungen zum Gießen der Stereotypplatten, Metallzubehör, Papier-Faltmaschinen sowie Paginier- und Numeriermaschinen.

(The Gazette of India vom 21. Juli 1906.)

Zolltechnische u. a. Bestimmungen allgemeiner Art.

M ü n z e n : 1 Pfund Sterling = 15 Rupien; 1 Rupie zu 16 Annas zu 12 Pie = 1,36 ℳ.

Ceylon.

Zolltarifausgabe vom Jahre 1903.

N i c h t b e s o n d e r s a u f g e f ü h r t e W a r e n unterliegen einem Wertzolle von **5½** vH. Einzelne Teile von Gegenständen, wenn letztere nach dem Werte zollpflichtig sind, dürfen nicht eingeführt werden.

Maschinen:
    Motore und deren Teile, einschl. Kessel und Kesselteile; ferner Lokomotiven und Lokomobilen, Dampfwalzen, Feuerspritzen und andere Maschinen, bei denen die bewegende Kraft sich von den Gangteilen nicht trennen läßt, jedoch mit Ausnahme der nicht zum Ziehen gebrauchten Motorwagen . . . . **frei**
    Maschinen (und Maschinenteile), und zwar Maschinen oder Maschinensätze, welche durch Elektrizität, Dampf, Wasser, Hitze oder andere Kräfte getrieben werden, oder welche vor ihrer Benutzung mit anderen Triebteilen verbunden werden müssen, soweit sie bestimmt sind:
        a) zum Zubereiten, Auskörnen, Pressen, Spinnen, Weben, Nähen, Wirken, Bleichen und Färben von Baumwolle, Jute, Hanf, Seide, Wolle oder anderen Fasern, sowie zu anderen zwischen dem Rohmaterial und dem Fabrikat in der Aufmachung für den Markt liegenden Verrichtungen . . . . **frei**
        b) zum Schmelzen und Stampfen von Eisen und anderen Erzen, sowie zur Herstellung von Eisen, Stahl und anderen Metallen . . . . **frei**
        c) zur Herstellung von Leder, Zucker, Indigo, Seide, Papier, Seife, Glas, Öl, Mehl, Tauwerk, Seilerwaren und Bindfaden . . . . **frei**
        d) zum Schälen von Reis . . . . **frei**
        e) zum Zubereiten, Herstellen und Packen von Tee, Kaffee und Kakao . . . . **frei**
        f) für Druckerpressen . . . . **frei**
        g) für Gießereien und Werkstätten für Eisen und andere Metalle. . . . . . . **frei**
        h) für Eisenbahnwerkstätten . . . . **frei**
        i) zum Raffinieren von Petroleum und zur Herstellung von vegetabilischen Ölen **frei**
        j) zum Stampfen von Knochen und Ziegeln . . . . **frei**
        k) zur Herstellung von Lack . . . . **frei**
        l) für Töpfereien und Mauer- und Dachziegelwerke . . . . **frei**
        m) für Sägemühlen und Holzbearbeitung . . . . **frei**
        n) für Bergbau, Schiffahrt, Ackerbau und für Pumpen . . . . **frei**
        o) für elektrische Triebkraft und elektrisches Licht . . . . **frei**
        p) zur Herstellung von Eis und für Gefrier- und Kühlzwecke . . . . **frei**
        q) für andere Arbeiten und Industrien, die von der Regierung etwa von Zeit zu Zeit bezeichnet werden . . . . **frei**

Hierunter sind jedoch nicht Werkzeuge und Geräte für Hand- oder Tierarbeit zu verstehen, auch dürfen nur solche als Bestandteile von Maschinen zugelassen werden, die zum Betrieb von Maschinen unumgänglich erforderlich sind und wegen ihrer Form oder anderen besonderen Eigenschaften nicht für andere Zwecke verwendbar sind.

Anmerkung. Maschinen und Maschinenteile aus anderen Materialien als Metall sind hierin eingeschlossen.

Zolltechnische u. a. Bestimmungen allgemeiner Art.

Englische Münzen, Maße und Gewichte.

China.

Zolltarifausgabe vom Jahre 1905.

Nicht besonders aufgeführte Waren unterliegen einem Wertzolle von 5 vH.

	Zollsatz vom Werte vH.
Maschinerie	5
Nähmaschinen, für Fuß- oder Handbetrieb	5

Zolltechnische u. a. Bestimmungen allgemeiner Art.

Münzen: 1 Haikuan Taël = 10 Maces = 100 Candarin = 100 Cashdel hat einen Silberfeingehalt von 37,27 g und ist = 6,41 ℳ.

Deutschland genießt die Meistbegünstigung.

Für im Tarif nicht aufgeführte Gegenstände ist ein Zoll von 5 vH. des Wertes zu entrichten; der für die Zollberechnung zugrunde zu legende Wert solcher Waren ist ihr Marktwert in Ortswährung. Dieser Marktwert wird in Haikuan Taëls umgerechnet, sodann um 12 vH. gekürzt, und der so gefundene Betrag ist der für die Zollberechnung zugrunde zu legende Wert.

Sind die Waren bereits verkauft, ehe die Zollabfertigung beantragt wird, so gilt der Rohbetrag des bona fide-Kontrakts als Nachweis des Marktwertes. Sind die Waren zu cif. Bedingungen verkauft, d. h. ohne daß im Preise der Zollbetrag und andere Spesen einbegriffen sind, so gilt jener cif. Preis als Wert für die Zwecke der Zollzahlung ohne die im vorigen Absatz erwähnte Kürzung.

Auf Verlangen der Zollbehörde sind in allen Fällen die Fakturen, wenn beschaffbar, vorzulegen.

Französisch-Hinterindien.

Für die Wareneinfuhr nach Französisch-Hinterindien gelten im allgemeinen die Sätze des französischen Generalzolltarifs.

Japan.

Zolltarif vom 30. März 1906.

	vom Werte vH.	Zollsatz in Yen für 100 Kin Generaltarif	vom Werte vH. Vertragtarif
419 Lokomotiven und Lokomotivtender	20		5
420 Teile von Lokomotiven und Lokomotivtendern:			
1. Räder und Achsen		4,70	5
2. Radreifen		1,54	5
3. alle anderen	20		5
428 Baggermaschinen und Teile davon	15		
442 Wassermesser, Gasuhren, Druckmesser, Amperemesser, Voltmesser und andere ähnliche Meßinstrumente	20		
447 Nähmaschinen:			
1. mit Handbetrieb		11,10	
2. mit Fußbetrieb		8,25	
448 Teile von Nähmaschinen	20		
449 Taucherapparate und Teile davon	20		
450 Schreibmaschinen	20		

	vom Werte vH. Generaltarif	Zollsatz in Yen für 100 Kin	vom Werte vH. Vertragtarif
452 Dampfkessel	15		
453 Dampfmaschinen, Gas-, Petroleum- und andere Motoren sowie Teile davon	15		
454 Werkzeug- und Holzbearbeitungsmaschinen sowie Teile davon .	15		
455 Spinnerei- und Weberei-Maschinen sowie Teile davon	15		
456 Alle anderen Maschinen und Teile davon	15		
Druckmaschinen			5
500 Maschinenpackung		7,51	
501 Treibriemen- und Schläuche für Maschinen:			
1. aus Leder		25,30	
2. aus Kautschuk		12,50	
3. aus Segeltuch		13,50	
4. alle anderen	15		
536 Alle nicht besonders genannten Gegenstände, roh oder unverarbeitet	10		
537 Desgleichen, teilweise bearbeitet	20		
538 Desgleichen, fertiggestellt:			
1. grobe	30		
2. feine	40		

Zolltarifentscheidungen.

Nähmaschinenköpfe — Tarif-Nr. 448 — . . . . vom Werte 20 vH.
Maschinen zum Überziehen von Knöpfen, zollpflichtig als mechanische Bestandteile, nicht besonders genannt — Tarif-Nr. 392, Ziffer 6 — „ „ 20 „

Zolltechnische u. a. Bestimmungen allgemeiner Art.

Münzen: Der Yen ist die gesetzliche Münzeinheit Japans. 1 Goldyen = 100 Sen = 1000 Rin = 2,092 ℳ.

Gewichte: 1 Kin = 1 Kätti = 600 gr.

Pfund und Tonne sind englische Maße.

Deutschland genießt die Meistbegünstigung.

Die auf Grund der Vertragstarife zu entrichtenden Wertzölle werden berechnet vom wirklichen Preise der Waren am Einkaufsplatz, am Erzeugungs- oder Fabrikationsort unter Hinzurechnung der Versicherungs- und Transportkosten von dem Einkaufs-, Erzeugungs- oder Fabrikationsorte bis zum Bestimmungshafen, sowie der etwaigen Kommissionsgebühren.

Anmerkung: Über die Auslegung des Begriffs „wirklicher Preis" sind Meinungsverschiedenheiten entstanden, die nunmehr seitens der kompetenten japanischen Autoritäten dahin entschieden worden, daß der wirkliche Preis Gewinn und Provision einschließt. Reguläre Diskontabzüge können auch vom verzollbaren Preis in Abzug gebracht werden. Abzüge, die aus besonderen Gründen gemacht werden, sind bei der Berechnung des wirklichen Preises außer acht zu lassen.

Niederländisch-Indien.

Zolltarifausgabe vom Jahre 1885.

Nicht besonders aufgeführte Waren unterliegen einem Wertzolle von **6 vH.**

Fabrik- und Dampfmaschinen, auch einzelne Teile derselben, wenn sie von den Beamten als solche erkannt werden . . . . **frei**

Druckpressen . . . . **frei**

Feuerspritzen . . . . **frei**

Gasometer . . . . **frei**

Nähmaschinen . . . . **frei**

Zolltechnische u. a. Bestimmungen allgemeiner Art.

Münzen, Gewichte und Maße: siehe die Niederlande.

Der Wert der Waren, von welchen die Zölle zu erheben sind, wird für jedes Vierteljahr nach Bedürfnis neu festgesetzt.

Philippinen.

Zolltarifausgabe vom Jahre 1905.

Zollsatz
vom Werte
vH.

Bei der Einfuhr von allen nicht besonders aufgeführten Rohstoffen wird ein Zoll von **10 vH.** und von allen nicht besonders aufgeführten Waren und Gegenständen ein Zoll von **25 vH.** vom Werte erhoben.

242 Maschinen [und Vorrichtungen] aller Art zum Wiegen, anderweit nicht genannt, sowie Teile derselben **20**

243 Maschinen für Seewesen, feststehende Dampfmaschinen, hydraulische, Dampf-, Petroleum-, Gasolin-, sowie Heiß- und Preßluftmotore **15**

244 Dampfkessel aller Art, in Maschinen eingebaut oder nicht **15**

245 Landwirtschaftliche Maschinen und Apparate sowie Ramm-, Bagger-, Förder-, Wegebau- und Reparaturmaschinen, Kühl- und Eismaschinen, Maschinen für Sägemühlen, Maschinen und Vorrichtungen zum Ausziehen von pflanzlichen Ölen und zum Umwandeln derselben in andere Erzeugnisse, Maschinen und Apparate zur Herstellung von Zucker, zur Zurichtung von Reis oder Hanf und anderen pflanzlichen Erzeugnissen der Insel für den Markt sowie Teile derselben, auch Zug- und Fortbewegungsmaschinen nebst zugehörigen Kesseln, gebaut und eingeführt für und mit Reisdreschmaschinen, sowie Dampfpflüge **5**

> Anmerkung. Unter dem Ausdruck: »Zurichtung pflanzlicher Erzeugnisse für den Markt« ist das Zurichten derselben zu marktfähiger Ware in rohem Zustande zu verstehen.

246 Lokomotiven einschl. Tender und Zug- und Fortbewegungsmaschinen, vollständig sowie Teile derselben **15**

247 Drehscheiben sowie Kraft- und Handkrane **15**

251 Nähmaschinen und Nähmaschinenteile, Nadeln ausgenommen **15**

253 Schreibmaschinen und einzelne Teile derselben; einschl. der Bänder **15**

255 Kassen-Registrierapparate und Additionsmaschinen sowie einzelne Teile derselben . **25**

256 Automaten zum Wiegen und für andere Zwecke, soweit sie nicht verboten sind, sowie einzelne Teile derselben **30**

257 Andere Maschinen und Maschinenteile, nicht besonders genannt:
    a) aus Kupfer und seinen Legierungen **20**
    b) aus anderem Material **10**

Zolltarifentscheidungen.

Ein von der Philippinenkommission unterm 7. Dezember 1906 erlassenes Gesetz bestimmt, daß alles Material, das für den Bau und die Einrichtung der durch die Gesetze Nr. 1497 und 1510 genehmigten Eisenbahnen nach den Philippinen eingeführt wird, dort **zollfrei** eingehen darf. Die Materialien müssen über einen regulären Zollhafen eingeführt werden, sie müssen von einer Erklärung zum freien Eingang in doppelter Ausfertigung in einer Form ähnlich der für die Einfuhr für Regierungsrechnung vorgeschriebenen begleitet sein. Dieser Freierklärung ist eine Handelsfaktura in der gebräuchlichen Form mit genauer Angabe der Art und des Wertes der Materialien sowie eine von dem Vertreter der Eisenbahngesellschaft unterschriebene Bescheinigung darüber beizufügen, daß das Material zum Baue und zur Einrichtung einer gesetzlich erlaubten Eisenbahn verwendet werden soll. Die nach diesem Gesetze zollfrei eingehenden Materialien, die nicht zum Baue und zur Einrichtung einer Eisenbahn gebraucht werden sollen, sowie alle beim Baue zu verwendenden Maschinen oder Ausrüstungsgegenstände, die über die Menge, welche billigerweise als zum Baue einer Eisenbahn ausreichend angesehen werden kann, hinausgehen, sollen angeschrieben und bei Vollendung des Baues und der Ausrüstung der Bahnlinie zur Verzollung gezogen werden. Das Gesetz ist sofort in Kraft getreten.

Nr. 742. **Fortbewegungsmaschinen** nebst zugehörigen Kesseln, die nicht für Reisdreschmaschinen oder Dampfpflüge gebaut oder mit diesen eingeführt sind, sind nach Nr. 243 oder Nr. 244 des Tarifs mit **15 vH.** des Wertes zu verzollen. (Entscheidung vom 29. August 1906.)

Nr. 743. **Roh vorgeschmiedete Wellen aus Stahl für Schiffsschrauben** 30 Fuß (englisch) lang, 4 Zoll im Durchmesser, an dem einen Ende mit einer $12^1/_2$-zölligen Verbindungsscheibe versehen, sind, da von der bis zur Fertigstellung erforderlichen Arbeit nur $1/_4$ geleistet ist, als rohe geformte Stücke nach Nr. 37 b des Tarifs mit **1 Dollar** für 10 kg Rohgewicht zu verzollen. (Entscheidung vom 29. August 1906.)

Nr. 746. **Generatoren** sind mit den dazu gehörenden und damit verbundenen Kesseln, Zubehörteilen usw. als ein Ganzes zu behandeln und nach Tarif-Nr. 250 mit **5 vH.** des Wertes zu verzollen. (Entscheidung vom 31. August 1906.)

Nr. 747. F e u e r l ö s c h a p p a r a t e aus einem auf Rädern befestigten gußeisernen˘Behälter mit 2 Absperrventilen aus Messing und dergl. Manometer nebst einem Säurebehälter aus reinem Blei bestehend, die dadurch wirken, daß durch Vermischen der Säure mit Soda Kohlensäure entsteht, die durch eigenen Druck nach Öffnung eines Ventils nebst dem Wasser fortgeschleudert wird, sind, da keinerlei bewegende Teile vorhanden sind, nicht als Maschinen, sondern nach Nr. 59 des Tarifs mit 4 Dollar für 100 kg Reingewicht (mindestens aber **15 vH.** des Wertes) zu verzollen. (Entscheidung vom 31. August 1906.)

Nr. 760. B r e t t e r s ä g e m a s c h i n e n , die dazu dienen, Bretter, die schon von größeren Sägen geschnitten sind, in dünnere zu zertrennen, sind nicht als Holzbearbeitungsmaschinen (nicht besonders genannte Maschinen — Tarif Nr. 257), sondern als Maschinen für Sägemühlen nach Nr. 245 des Tarifs mit **5 vH.** des Wertes zu verzollen. (Entscheidung vom 31. August 1906.)

Nr. 766. T r e i b r i e m e n aus baumwollenem Segeltuche für Baggermaschinen, die aber nicht mit letzteren zusammen eingehen, sind nicht als Maschinen zu verzollen, sondern nach ihrer Beschaffenheit nach Nr. 117 a des Tarifs mit **0,10** Dollar für 1 kg Reingewicht nebst **100 vH.** Zuschlag für die Bearbeitung zu verzollen. (Entscheidung vom 16. Oktober 1906.)

Nr. 778. T e i l e z u m A u s b e s s e r n v o n Z u g m a s c h i n e n sind nach Nr. 246 des Tarifs mit **15 v. H.** des Wertes zu verzollen. (Entscheidung vom 19. Oktober 1906.)

Nr. 781. G u ß e i s e r n e K e s s e l , mit 25 bis 100 Gallons Fassungsraum, die hauptsächlich zum Zuckerkochen verwendet werden, sind deshalb nicht als landwirtsehaftliche Maschinen oder Apparate, sondern als anderweit nicht genannte Gegenstände aus Gußeisen nach Nr. 31 c des Tarifs zu verzollen. (Entscheidung vom 19. Oktober 1906.)

Nr. 793. B l o c k s i g n a l a p p a r a t e , aus einer großen Zahl von Teilen und Zubehörstücken bestehend, die zusammengesetzt einen vollständigen Mechanismus darstellen, der, von einer Zentralstelle aus mit Hebeln, Kabeln und Ketten arbeitend, Weichen und Signalscheiben stellt, sind als Maschinen nach Nr. 257 mit **10 vH.** der Wertes zu verzollen. (Entscheidung vom 27. Oktober 1906.)

Nr. 825. D a m p f ü b e r h i t z a p p a r a t e sind, da sie nur aus einem Rohrsystem mit Feuerungsanlage bestehen, nicht als Maschinen, sondern nach Nc. 244 des Tarifs als Dampfkessel mit **15 vH.** des Wertes zu verzollen. R ö h r e n a u s S c h m i e d e i s e n f ü r B a g g e r sind nicht als Baggermaschinen, sondern nach Nr. 39 des Tarifs zollpflichtig. (Entscheidung vom 24. Januar 1907.)

Für sich eingehende D a m p f k e s s e l sind — mit Annahme der für Ölmühlen bestimmten — nach Nr. 244 des Tarifs mit **15 vH.** des Wertes, als Bestandteile einer Förderanlage, bestehend aus dem Antriebe, dem Dampfkessel und der Seiltrommel, dagegen mit diesen als ein Ganzes nach Nr. 245 des Tarifs mit **5 v. H.** des Wertes zu verzollen. (Entscheidung vom 6. Januar 1907.)

Zolltechnische u. a. Bestimmungen allgemeiner Art.

M ü n z e n : Die Zölle sind in der Münze der Vereinigten Staaten oder in deren Gegenwert in der Münze der Philippinen zu zahlen.

G e w i c h t e u n d M a ß e : Metrische.

Muster aller Art in solcher Menge, Ausdehnung und Beschaffenheit, daß sie unverkäuflich sind oder keinen nennenswerten Handelswert haben, sind **zollfrei.**

Afrika.

Agypten.

Alle hierher gehörigen Waren unterliegen einem Einfuhrzoll von **8** vH. vom Werte [und einem Ausfuhrzoll von **1** vH. vom Werte].

Zolltechnische u. a. Bestimmungen allgemeiner Art.

Münzen: 1 Tarif-Piaster = 40 Para = 20,75 ℳ (auch der Wert des ägyptischen Pfundes).
Maße und Gewichte: Metrische.

Deutsch-Ostafrika.

Nicht besonders aufgeführte Waren unterliegen einem Wertzolle von **10** vH.

Landwirtschaftliche Maschinen und Ersatzteile, [landwirtschaftliche Geräte] . . . . . **frei**
Maschinen für gewerbliche und bergmännische Betriebe und ihre Ersatzteile . . . . . **frei**

Zolltechnische u. a. Bestimmungen allgemeiner Art.

Münzen: 1 Rupie = 100 Heller. Der Wert der Rupie unterliegt dem Silberkurse; er schwankt zwischen 1,10 und 1,50 ℳ
Maße und Gewichte: Metrische.
Für die Erhebung des Wertzolles kommt in Betracht der Marktpreis am Eingangsorte, abzüglich des darauf ruhenden Zollbetrages. Ist der Marktpreis nicht festzustellen, so bildet der Ursprungspreis einschl. sämtlicher Fracht-, Landungs-, Versicherungs- oder sonstiger Spesen zuzüglich 10 v. H. die Grundlage für die Erhebung des Zolles.
Muster ohne Wert sind **zollfrei.**

Deutsch-Südwestafrika.

Alle hierher gehörigen Waren sind **zollfrei.**

Zolltechnische u. a. Bestimmungen allgemeiner Art.

Münzen, Maße und Gewichte siehe Deutschland.

Kamerun.

Nicht besonders aufgeführte Waren unterliegen einem Wertzolle von **10** vH.

Landwirtschaftliche Maschinen und Ersatzteile, [landwirtschaftliche Geräte] . . . . . **frei**
Maschinen für gewerbliche und bergmännische Betriebe sowie für Wasserbohrungen und
ihre Ersatzteile. . . . . **frei**

Zolltechnische u. a. Bestimmungen allgemeiner Art.

M ü n z e n : Die deutsche Markwährung hat Geltung.

M a ß e u n d G e w i c h t e : Metrische.

Als Wert der einem W e r t z o l l unterliegenden Gegenstände gilt der Fakturwert der Gegenstände im Herkunftsland einschließlich Fracht und Spesen bis zum Eingangshafen.

Marokko.

Alle hierher gehörigen Waren unterliegen einem Einfuhrzolle von nicht mehr als **10 vH.** des Wertes.

Zolltechnische u. a. Bestimmungen allgemeiner Art.

M ü n z e n : 1 Real = 0,21 ℳ

G e w i c h t e : 1 Zentner (Cintar = 112 englische Pfund) = 50,8 kg.

M a ß e : 1 Dhra = 8 Domin = 0,571 Meter.

Die Berechnung der W e r t z ö l l e geschieht nach dem G r o ß h a n d e l s p r e i s e , den die Ware auf dem Markte des Einfuhrhafens bei Barzahlung hat.

Südafrikanischer Zollverein.

(Kapkolonie; Oranjefluß-Kolonie; Betschuanaland; Basutoland; Natal; Transvaal; Süd-Rhodesia; Nordwest-Rhodesia; Swasiland; Transkei, einschließlich Galekaland; Tembuland, einschließlich Emigrant Tembuland und Bomvanaland; Gebiet und Distrikt des Hafens von St. Johns; Pondoland, einschließlich Ost- und West-Pondoland; Ost-Griqualand; Walfischbay.)

	Zollsatz vom Werte vH.
N i c h t b e s o n d e r s a u f g e f ü h r t e W a r e n unterliegen einem Wertzolle von **15 vH.** H e r k ü n f t e a u s G r o ß b r i t a n n i e n genießen einen Z o l l n a c h l a ß in Höhe von 3 vH. des Wertes.	
76 Krane, Elevatoren und Mastenkrane (shears)	**3**
83 Feuerleitern, Feuerlösch-Gerätschaften und -Apparate	**3**
93 Winden Schrauben-, und hydraulische	**3**
97 Kraftaufzüge, einschließlich der Gittertüren	**3**
98 Maschinen:	
a) Maschinen, Apparate, Vorrichtungen und Geräte (mit Ausschluß von Material, Wagen, Maschinenwerkzeugen, Maschinen für den Hausgebrauch und Geschirren) für Landwirtschaft, Industrie, Bergbau, Buchbinderei, Druckerei und andere industrielle Zwecke	**3**
b) Maschinen, Apparate, Vorrichtungen und Geräte, die in Verbindung mit ersteren zur Erzeugung, Aufspeicherung, Übertragung, Verteilung von Gas und zu Beleuchtungszwecken verwendet werden, jedoch mit Ausschluß von Handlampen und künstlerischen Ausrüstungsstücken	**3**
c) Maschinen, nicht anderweitig genannt, welche durch Vieh, Elektrizität, Gas, Heißluft, hydraulisch, pneumatisch, durch Dampf-, Wasser- oder Windkraft betrieben werden, einschl. Reserveteile; Apparate und Einrichtungen, welche in Verbindung mit der Erzeugung und Aufspeicherung von Leuchtgas gebraucht werden; Laternenpfähle und Ausrüstungsstücke derselben	**3**
106 Woll-, Stroh-, Heu- und Futterpressen	**3**
122 Zugmaschinen, Kraft-Förderwagen und Hemmstangen für dieselben, Steinbrechmaschinen, Dampfwalzen und Straßenkehrmaschinen.	**3**
125 Apparate für Wasserbohrung und zum Pumpen, sowie Pumpen, mit Ausschluß von Bierpumpen	**3**
Lebensrettungsapparate, von einer anerkannten Gesellschaft eingeführt	**frei**
Lokomotiven und Maschinenwasserbehälter	**3**
Gas- und Wassermesser	**3**

Zolltechnische u. a. Bestimmungen allgemeiner Art.

Münzen, Maße und Gewichte: englische.

Zur Abschätzung des Zollbetrages soll der jeweilige Wert solcher Waren, welche einem Wertzoll unterliegen, als ihr wahrer Marktwert auf dem offenen Markte an dem Platze, wo der Einkauf durch den Einführer und seine Agenten stattfand, angesehen werden, einschließlich der Kommissionsgebühren des Agenten, falls diese nicht 5 v. H. übersteigen; in keinem Falle darf indessen der vorstehend näher erläuterte wahre Marktwert geringer sein als der Preis der Ware, wie er sich für die Einführer am Platze des Einkaufes gestellt hat.

Togo.

Nicht besonders aufgeführte Waren unterliegen einem Wertzolle von **10 vH.**

Landwirtschaftliche Maschinen und Ersatzteile . . . . **frei**
Maschinen für gewerbliche und bergmännische Betriebe und ihre Ersatzteile . . . . . **frei**

Zolltechnische u. a. Bestimmungen allgemeiner Art.

Münzen, Maße und Gewichte: siehe Deutschland.

Australien.

Australischer Bund.

(Neu-Südwales, Queensland, Süd-Australien, Tasmanien, Victoria, Westaustralien.)

Entwurf eines neuen Zolltarifs (in Kraft gesetzt am 9. August 1907).

| | Allgemeiner Tarif | | Für Erzeugnisse Großbritanniens | |
| | Zollsatz | | Zollsatz | |
	v. Werte vH.	Schill. Pence	v. Werte vH.	Schill. Pence
147 Mangeln, Wring- und Waschmaschinen, nicht anderweit vorgesehen	20			
148 Maschinen und Geräte für Acker-, Garten- und Weinbau, nicht anderweit vorgesehen, einschl. Rohrauflader auf Rädern, Furchen machende Planierer, Futterquetscher, Garten- und Feldzerstäuber, Garten- und Feldwalzen, Gartenschlauchwinden, Gartenspritzen, Straßenwalzen für Pferde- und Maschinenbetrieb; Rasenwalzen, -kehrer und -sprenger; Wegebaupflüge, Wegeschaufeln und Straßenscharren; Schaufeln; Baumstumpfausroder	20			
149 Häckselschneider und Pferdegöpel, Häckselschneidemesser; Mais-Schäl- und -Enthülsungsmaschinen; Kultivatoren, außer den Scheibenkultivatoren; Eggen, andere Pflüge, Pflugscharen, Pflugstreichbretter, Messereggen	20			
150 Kombinierte Maschinen zum Schälen, Enthülsen und Einsacken von Mais, kombinierte Maschinen zum Schälen und Enthülsen von Mais, Scheiben für landwirtschaftliche Geräte, Scheibenkultivatoren, Dünger-Drillmaschinen und Reihen-Säemaschinen nebst allem Zubehör; Pflüge zum Bearbeiten von mit Baumstümpfen durchsetztem Boden (stump-jump ploughs), Kornschwinger (für Pferde- und anderen Betrieb); Sitze, Stangen, Ortscheite, Joche und Balken für landwirtschaftliche Maschinen, wenn getrennt eingeführt	25			
151 Butterfässer aller Art, Käsepressen, Kühl- und Gefrierapparate für Milchwirtschaften, Lieferkannen; Brütapparate, nicht anderweit vorgesehen; Nährapparate (foster-mothers)	25			
152 Abstreifertemaschinen . . . . . . für 1 Stück		12 Pfd. Sterl.		
153 Abstreifvorrichtungen . . . . . für 1 Stück		6 Pfd. Sterl.		
154 Metallteile von Abstreifertemaschinen und Abstreifvorrichtungen . . . . . für 1 Pfund		— 1 3/4		

155 Maschinen und Geräte für Acker-, Garten- und Weinbau, nämlich: Rasenschneider; Prüfungs- und Pasteurisierapparate, Baumwollentkörnungsmaschinen, Faser-Klopfmaschinen, kombinierte Rechen und Pflüge für Handbetrieb, Heu-Streumaschinen, Pferderechen, Luzernebinder, Mais-Ernte- und Bindemaschinen, Melkapparate; Platten zu Pflugstreichbrettern, roh und nicht in die Form geschnitten; Kartoffelausheber oder Kartoffelaushebepflüge, Kartoffelsortierer, Wurzelschneidemaschinen, Rüben-Breiapparate und -Reiben, Schafschermaschinen, Vorrichtungen zum Aufschobern von

	Allgemeiner Tarif		Für Erzeugnisse Großbritanniens	
	Zollsatz		Zollsatz	
	v. Werte vH.	Schill. Pence	v. Werte vH.	Schill. Pence
Stroh, an Mähmaschinen unten angebrachte Garbenhalter (sub-surface packers), Dreschmaschinen, Worflergabeln (aus Holz und Stahl)	10		frei	
161 Wiegemaschinen, Brückenwagen, nicht anderweit vorgesehen, einschließlich der Additions- und Rechenmaschinen, nebst allem Zubehör, Kontrollkassen, Wagen für Apotheken (chemists' counter scales), Federwagen und Balkenwagen mit Laufgewicht; Gewichte, nicht anderweit vorgesehen . . .	20			
162 Schiffs-Dampfmaschinen, -Dampfkessel und -Maschinenvorrichtungen; ferner Zubehör und Ausstattung, nicht anderweit vorgesehen, für solche Dampfmaschinen, Dampfkessel und Maschinenvorrichtungen; Wellen, Schiffschrauben, Winden, Zylinderfutter, Ankerspille, Vorgelege zur Steuerung (steering gear), Speisewasservorwärmer, Speisepumpen, Verdampfer, Hülfskondensatoren, Speisewasserfüller und Vorrichtungen zum Auswerfen der Asche	25			
163 Dampf-Straßenwalzen, einschl. Zubehör zum Aufkratzen . .	25			
164*) a) Dampfmaschinen (einschl. der Zugmaschinen und Lokomobilen), nicht anderweit vorgesehen; Turbinen, Winden, nicht anderweit vorgesehen; Dampfkessel, nicht anderweit vorgesehen; Pumpen, Windmühlen	30		25	
b) Hebe- und Beförderungsmaschinen, Vorrichtungen zum Einrammen von Pfählen, Vorwärmer, Krane, Bierdruckapparate, Tuch-, Falt- und Meßmaschinen, Woll- und andere Pressen, Aufzüge, Wasser- und Gasmesser . .	30		25	
c) Maschinen und Maschinenanlagen, nicht anderweit vorgesehen.	30		25	
165 Maschinen und Teile davon: nämlich: Dampfdruck-Indikatoren und -Registrierapparate, Patentwalzen für Mahlmühlen aus Porzellan und Stahl, Schreibmaschinen (einschl. Deckel), Zink-Treibretorten, Feuerspritzen, Heftmaschinen, Nähmaschinen (einschl. der Schubladenschränke [cabinets] und Deckel), Knopfloch-Stanz- und -Nähmaschinen, Stopfmaschinen, Maschinen zur Herstellung von Strohhüllen	frei		frei	
165a Maschinen, mit Ausschluß der Triebkraft, einer Maschinenverbindung oder etwaiger Kraftverbindungen, nämlich: für die Regierung bestimmte drafting-Maschinen, Polierdrehbänke für Juweliere, Strickmaschinen, Linotyp-, Monotyp-, Monoline- und andere Setzmaschinen, Druck-Maschinen und -Pressen, ferner Maschinen zum ausschließlichen Gebrauche bei dem eigentlichen Verfahren der Anfertigung von Galvanos und des Gießens von Stereotypplatten, rotierende Körnmaschinen für Aluminium	frei		frei	
166 *)Maschinen und Werkzeugmaschinen, nicht anderweit vorgesehen, nämlich:				
a) Maschinen, nicht anderweit vorgesehen, zum Gebrauche beim Gerben von Häuten und Fellen und bei der Zubereitung von Leder; selbsttätige Maschinen zur Herstellung und zur Verlötung von Konservenbüchsen; Maschinen zum Entschweißen und Waschen von Wolle; Maschinen zur Herstellung von Papier und zum Filzen; Seifenschneidemaschinen; Maschinen für artesische Bohrungen	25		20	
b) Werkzeugmaschinen: Für die Hutfabrikation — hydraulische Formpressen zur Herstellung von Strohhüten; zur Kautschukverarbeitung — Schlauchmaschinen, Stahlstanzen, Reifen-Docken aus Stahl (steel tire mandrils), Streckmaschinen, Trettrommeln, Werkzeug zum Schnei-				

<hr>

*) Vorbehaltlich der Ermäßigung gemäß den in dem Anhange hierzu vorgeschriebenen Bedingungen.

| | Allgemeiner Tarif | | Für Erzeugnisse Großbritanniens | |
| | Zollsatz | | Zollsatz | |
	v. Werte vH.	Schill. Pence	v. Werte vH.	Schill. Pence
den von Scheiben. Zur Metallbearbeitung — Maschinen zur Herstellung von Drahtnetzgeweben, Gebläse für Gießereien und Bergwerke, pneumatische Hämmer, Dampfhämmer in Größen bis einschl. 16″ Zylinderumfang, Lochmaschinen und Maschinenscheren, miteinander verbunden oder einzeln, Größen bis zu $3/4$″; Nutenstoßmaschinen, Größen bis zu 12″ Kolbenhub; Zentriermaschinen zum Zentrieren bis zu 6″ Durchmesser; Bolzenschrauben- und Muttern-Gewindeschneidmaschinen, miteinander verbunden oder einzeln, Größen über $3/8$ und bis zu 2″; Biegewalzen in solchen Größen, daß sie Platten bis zu $3/4$″ Stärke umbiegen können; Werkzeuge zu artesischen Bohrungen, nicht anderweit vorgesehen; Werkzeugmaschinen für die Schuhfabrikation, nicht anderweit vorgesehen; Maschinen zum Aufbiegen der Radreifen und Radreifen-Stauchmaschinen; Klempnerwerkzeuge, sofern sie Maschinen sind .	25		20	
167 Werkzeugmaschinen nach den Vorschriften von Departementsverordnungen	frei			
168 Alle zollpflichtigen Maschinen und Werkzeugmaschinen oder Teile davon, die in einer vom Generalgouverneur erlassenen Proklamation besonders bezeichnet sind, die erlassen ist in Verfolg einer gemeinsamen auf Vorschlag von Ministern von beiden Häusern des Parlaments angenommenen Denkschrift, in welcher nachgewiesen und ersucht wird, daß solche Maschinen, Werkzeugmaschinen und Teile davon innerhalb des Bundesgebiets nicht zweckmäßig hergestellt werden können und zollfrei zugelassen werden möchten . .	frei			
169 Handwerkzeug zum Gebrauch für Kunsthandwerker und Mechaniker sowie allgemein gebräuchliche Werkzeuge, wie sie durch Departementsverordnungen bestimmt werden . . .	frei			
171 Walzenhülsen (roll shells), Metallwaren, nicht anderweit vorgesehen	30		25	
173 Messingarbeit und Arbeiten aus Kanonenmetall für den allgemeinen Maschinenbau und die Klempnerei (plumbing) sowie andere Betriebe	30		25	
177 Bergwerksmaschinen und Maschinenanlagen, nicht anderweit vorgesehen	35		25	
179 Gas-Vorrichtungen, nämlich:				
a) Gasarmleuchter, Kronleuchter, Hängeleuchter, Wandarme, Kontrollvorrichtungen, nicht anderweit vorgesehen; Heizapparate und Zinkröhren	25		20	
b) nicht anderweit vorgesehen	$17^1/2$		$12^1/2$	
183 Eisen- und Stahl-Rohre oder -Röhren (außer den genieteten oder gegossenen), von einem inneren Durchmesser von nicht mehr als 4″, einschl. der biegsamen Metallröhren; Galloway- und Vertikal-Parallel-Kesselröhren, Wasserbohrmäntel (water bore casings), schmiedeeiserne Ausrüstungsstücke zu Röhren	frei			
189 Spiralförmig gewundene Röhren zum Kondensieren von Ammoniak sowie spiralförmig gewundene Heizröhren für Zuckerkessel und dergleichen; gewellte Zylinder für Dampfkessel	25			
200 Kornschneidemaschinen (droppers) aus Patentstahl, in allen Längen	5		frei	
202 Maschinentreibriemen-Schrauben	5		frei	
208 Retorten, Schmelzpfannen, Kondensatoren, Zylinder und andere Gegenstände aus Platin, die bei der Herstellung von Säuren und in Laboratorien gebraucht werden	5		frei	
224 Patentkeile für Mähmaschinen (droppers) und Säulen . . .	5		frei	

Notizlich: Die Rückvergütung des vollen Zollbetrages erfolgt zur Nr. 164 und 166 des Tarifs bei Maschinen und Maschinenteilen zur Bearbeitung von Faserstoffen, Filz und Filzhüten, wenn sie in Wollspinnereien oder Hutfabriken, in denen solche Stoffe, Filze und Hüte hergestellt werden, aufgestellt werden.

Anmerkung. Es sei ausdrücklich darauf hingewiesen, daß es sich vorliegend nur um einen bereits in Kraft gesetzten Entwurf eines neuen Zolltarifs handelt, dessen endgültige Feststellung (zur Zeit der Drucklegung) noch Gegenstand von Beratungen bildete, so daß Änderungen im einzelnen nicht ausgeschlossen sind.

Außer dem vorstehenden Tarifentwurf dürfte die gleichzeitig veröffentlichte

Zollverordnung betr. Werkzeugmaschinen

von Interesse sein.

Die folgenden Werkzeugmaschinen und Teile von solchen (mit Ausnahme der etwa dazu nötigen Kraftmaschinen, Maschinenverbindungen und Vorgelege) **k ö n n e n** auf Grund gegenwärtiger Verordnung **zollfrei** eingeführt werden:

F ü r   d i e   B u c h b i n d e r e i :

Abpreßmaschinen, Bankpressen, Kantenschräg-, Heft-, Preßmaschinen, Form- und Vergoldepressen, Maschinen zum Ausbiegen der Bücherrücken, Deckelpressen, Deckelreiniger, Deckelzurichter, Zuschneidemaschinen, Maschinen zur Anbringung von Ösenringen, Prägemaschinen, Bücherpressen nebst Gestell, Falzmaschinen, Leimstreichmaschinen, Leimstreich- und Gummiermaschinen, Registriermaschinen, Beschneidepressen, Lederprägemaschinen (mit Prägemaschinen für Buchbindereizwecke übereinstimmend), Zwickpressen, Numerier-, Paginier-, Stanz- und Perforiermaschinen, Schneide- und Zusammenlegepressen, Prägepressen, Hebelprägepressen, Lochmaschinen, Rotations-Kantenschrägmaschinen (ähnlich den Buchbinder-Kantenschrägmaschinen) zum Abschrägen von Kartenrändern, Liniermaschinen, Linier- und Leimmaschinen, Linier- und Druckmaschinen, Ritzmaschinen, Stempel und Einsätze für Prägemaschinen, feststehende Pressen, Klammerhefter, Decktücher für Liniermaschinen (je eins zu jeder Maschine, falls mit dieser zusammen eingeführt), Papierschneidemaschinen, Buchstabenhalter (schrifthohe Rahmen), 12 Zoll lang (aus massivem Messing) für Buchstabenaufdruck in der Buchbinderei; Drahtheftmaschinen.

F ü r   B ü r s t e n m a c h e r e i :

Bohr-, Schneide-, Füllmaschinen; Maschinen zur Herstellung von Kaminfege- oder Flaschenbürsten; Messer, eigens zur Verwendung in Bürstenbindereimaschinen; Form- und Zurichtemaschinen.

Z u r   H e r s t e l l u n g   u n d   B e a r b e i t u n g   v o n   G l a s :

Facettiermaschinen, Maschinen zur Flaschenfabrikation, Glas-Abschräg- und Poliermaschinen, Patentpressen, Rauhschleifkästen, Sandgebläse, Normal-Eisenrahmen für Spiegelglasschleifmaschinen.

F ü r   M e t a l l b e a r b e i t u n g :

Schrauben- oder Spindelpressen, Biegewalzen, nicht anderweit vorgesehen; Polier-Scheiben oder -Räder aus Leder für Drehbänke, Bolzenpressen, Maschinen zur Herstellung von Metallkapseln, Stemm- und Behaumaschinen, Zentriermaschinen, nicht anderweit vorgesehen; Futtersätze mit Bohren, Bohrfutter für Drehbänke, Maschinen zum Aufsetzen von Radreifen auf kaltem Wege, Dynamoanker-Schleif- oder -Abdrehapparate, Drück-(Kopier-)Drehbänke für Metall, Winkel- und Punzmaschinen, Abschneidemaschinen (cropping), Maschinen zur Herstellung von Schneidzeugen, Maßschneidebänke, Blei- und Messingschneider, Durchschußlinienschneider (ein Druckereiwerkzeug zum Schneiden von Blei usw.), Fräsmaschinenmesser zum Zerschneiden von Metallblechen zu Streifen, Zahnrad- oder Getriebe-Schneider, Scheiben zum Einsetzen in Fräsmaschinenmesser, Schmirgelscheiben für Hand- oder anderen Betrieb, Bohrmaschinen, Maschinen für Elektrotypie, Stereotypie und Photogravüre, Ösenabpreß-, Glättmaschinen, Glätt- und Bohrmaschinen (Anmerkung: die Bohrvorrichtung ist ein sehr kleiner abnehmbarer Teil der Maschine), finning, Flanschmaschinen, Schmiedemaschinen, drehbare Schleifsteine, Schleifmaschinen, Schleifmaschinen, eigens zum Schärfen von Schafscherapparaten, Schleif- und Schärfvorrichtungen, Nutapparate oder Maschinen zum Nutenschneiden, Schutzschilder für Sägebänke, Guillotinen (Winkelscheren für Blechschmiede), Dampfhämmer, nicht anderweit vorgesehen (Anmerkung: Dampfhämmer werden nicht durch Riemen, sondern durch direkten Dampf getrieben), Hufeisenmaschinen, Nutstoßmaschinen, Drehbänke, Meß-, Fräs-, Gehrungsstoßmaschinen, Kalikoschwabber zum Gebrauch in Verbindung mit Eisenbearbeitungsmaschinen, Maschinen zur Nagelfabrikation, Bolzen-Zwick- und -Schneidemaschinen, Schraubenmutter-Herstellungs- und Bearbeitungsmaschinen, Patentschneidekluppen für Handbetrieb, Hobelmaschinen, Drehbankschärfplatten, Profiliermaschinen, Gewindestoßmaschinen, Punz- und Winkelmaschinen, Stanz- und Schneidemaschinen, nicht anderweit vorgesehen, Stanz- und Schneidemaschinen, verbunden oder einzeln, nicht anderweit vorgesehen, Nietmaschinen, Maschinen zur Herstellung von Nieten, Eisensägen zum Schneiden von Eisen in kaltem Zustande, Sägebänke, Maschinen zum Schärfen und Schweifen von Sägezähnen, Schneidezeuge zu solchen, Sägemaschinen, Sägemaschinen für Druck und Stereotypie, Schraubmaschinen, nicht anderweit vorgesehen, Maschinenscheren, nicht anderweit vorgesehen, Formmaschinen, Abdrehmaschinen für Angüsse usw., Bohrschärfmaschinen, Reifenstauchmaschinen für kalte Radreifen, Nutenstoßmaschinen, nicht anderweit vorgesehen, Maschinen zum Abschneiden des überstehenden Gusses, Streckmaschinen, Gewindebohrmaschinen, nicht anderweit vorgesehen, Gewindeschneid- und Bohrwerkzeuge, Zahn- oder Triebrad-Schneidemaschinen, Schriftgieß- und Schriftgußabschleifmaschinen, Stauch- und Schweißmaschinen, Unterlagscheibenschneider, hydraulische Radpressen.

F ü r   P a p i e r - ,   Z u r i c h t e - ,   S c h n e i d e -   u n d   F a l z m a s c h i n e n :

Selbsttätige Endungsmaschinen, Maschinen zum Biegen, Falzen und Überziehen von Papier; Schneidemaschinen, Kartenschneidemaschinen, Fallschneidemesser, Etikett- und Pappschneidemaschinen, Rotations-Schneide- und -Kerbmaschinen, Anfeuchtemaschinen, Prägstempel für Schachtelanfertigungsmaschinen, Maschinen zur Anfertigung von Briefumschlägen, Karton-Falt- und Leimmaschinen, Papier- und Briefumschlag-Faltmaschinen, Glätt- und Satiniermaschinen, Messer für Papierschneidemaschinen, Etikettiermaschinen, Maschinen zum Überziehen und Glätten, Maschinen zur Herstellung von Papiertüten und Pappschachteln, Rauh- und Körnmaschinen, Papier-Ritzmaschinen, Maschinen zum Überziehen von Papier mit Paraffin, Wärmplatten für Kartonanfertigungsmaschinen, Kraft-Putzmaschinen (ähnlich den Kartenschneidemaschinen), Däumling-Lochmaschinen, Punz- und Winkelschneidemaschinen, Däumling-Nietmaschinen für Lederarbeit, Maschinen zum Schneiden von Stegen, 42" lang und $1\frac{1}{4}$" × $1\frac{1}{4}$" im Durchmesser, für Klamp-Papierschneidemaschinen, Maschinen zum Beziehen von Strohpappe, Beziehmaschinen, Auftoppmaschinen, Maschinen zur Anfertigung von Firnis- und Packpapier.

F ü r   S a t t l e r ,   R i e m e r   u n d   T ä s c h n e r :

Furchenzieher, Pressen und Platten für Lederdruck; Auszack-, Niet-, Riemenschneide- und Nahtvorstechmaschinen; Maschinen und Pressen zum Zurichten von Zugriemen sowie Gimpenpunzen.

Für Steinbearbeitung:
Abschleifmaschinen für Lithographiersteine.

Für Gerbereien:
Meßmaschinen.

Zur Herstellung von Ziegeln, Röhren und Backsteinen:
Mengschaufeln, Zementsteinmaschinen (ähnlich den Pressen zum Formen hohler Betonbausteine), Filterpressen, Mühlen zum Mahlen von Emaillemasse, Farben, Glasuren und Kiesel, Magnetiseure, Formmaschinen, Pressen zum Formen hohler Betonbausteine; Preßstempel, Siebe, Eisenstützen, Kapselständer und Röhrenpressen.

Zur Holzbearbeitung:
Bolzenschneider, eigens bestimmt zur Verwendung an einer Holzschneidemaschine, Bohrmaschinen, Kistenbearbeitungsmaschinen, Maschinen zur Herstellung von Fässern, Kimm-Maschinen, kombinierte Reifen-Durchschlagmaschinen, Einfalz- und Döbelmaschinen, Reifen-Rundungs- und Abschrägmaschinen, Abschneide-, Abschräg- und Biegemaschinen, Daubenfugemaschinen; Schnitzmaschinen, »Clement« Handmaschinen für Döbelzuführung, Kopierbänke, Doppelspindelfräsmaschinen, Schwalbenschwanzschneidmaschinen, Laubsägemaschinen, Nabenbohr-, Fugmaschinen, Maschinen zum Eingergeln und Formen der Dauben, Patent-Türsimshobelmaschinen, Schlicht- und Rundhobelmaschinen, Maschinen zum Abschleifen mit Sandpapier, Sägeschränk- und -Schärfvorrichtungen, Maschinen zur Herstellung von Speichen, Glatthobel-, Verzapfmaschinen, Nut- und Federhobelmaschinen, Maschinen zum Ausarbeiten, Scheibendrehbänke.

Verschiedene:
Maschinen zur Anbringung von Ösenringen, Schleif- und Polierscheiben (dieser Ausdruck bezieht sich nicht auf Mahlscheiben für Mehl- und Getreidemühlen), Linsenschneide-, Linsenbohr-, Linsenschleifmaschinen, Linsenmeßvorrichtungen, Durchschlag- und Ösenmaschinen, Riemenlochmaschinen, Maschinen zur Anbringung von Schnürhaken an Stiefel, Kleideraufzeichnungsmaschinen, Schleif- und Polierbänke für Juweliere, Strickmaschinen, Linotype-, Monotype-, Monoline- und andere Setzmaschinen, Druckmaschinen und Druckerpressen, Maschinen zur ausschließlichen Verwendung bei der Aluminium-Elektrotypie und -Stereotypie, Rotationsnarbemaschinen (graining).

Neuseeland.

Zolltarif[1]) vom 29. September 1907.

Nicht besonders aufgeführte Waren sind **zollfrei.**

		Zollsatz vom Werte vH.
176	Dampfkessel für Land- und Schiffsgebrauch	**20**
187	Winden, Krane, nicht anderweit aufgeführt, Spille und Haspeln	**20**
191	Gasometer und andere Apparate für die Gasbereitung	**10**
210	Maschinen, nicht anderweit aufgeführt	**20**
212	Maschinen für Mühlen, Wollspinnereien, Papierfabriken, zur Tau- und Bindfadenfabrikation, Baggermaschinen, Maschinen für Sägemühlen, zum Hobeln, zum Raffinieren von Öl, zum Bohren, sowie Maschinen zum Gefrieren und Konservieren von Fleisch, Lederspaltmaschinen und Bandmesser für dieselben	**5**
215	Buchdruckmaschinen und Buchdrucker-Pressen	**5**
216	Pumpen und andere Vorrichtungen zum Wasserheben, nicht anderweit aufgeführt	**20**
217	Eisenbahn- und Straßenbahn-Betriebsmaterial, nicht anderweit aufgeführt	**20**
220	Sodawassermaschinen, sowie Maschinen für kohlensaure Flüssigkeiten	**5**
221	Dampfmaschinen und Teile von solchen, nicht anderweit aufgeführt	**20**
222	Dampfmaschinen und Teile von solchen, mit Einschluß des Kessels oder der Kessel für dieselben, eigens für Bergwerks- oder Goldgewinnungs-Zwecke und -Prozesse oder für Molkereien eingeführt.	**5**
229	Blasebälge, außer Schmiedeblasebälgen	**20**
377	Drahtheftpressen [Drahtheftklammern, Drahtklammerstäbe]	**frei**
394	Maschinen für landwirtschaftliche Zwecke, einschl. Häcksel-Schneidemaschinen, Kornquetschmaschinen, Getreide-Schälmaschinen, [sowie Artikel zur Herstellung derselben, nämlich: Häckselschneidemesser, Rechen, Zubehör zu Dreschmaschinen, geschmiedete Teile für Pflüge].	**frei**
404	Essen und Windfänge	**frei**
405	Gebläse	**frei**
409	Kratzenbeschläge für Tuchfabriken	**frei**
410	Kettentriebräder und Ketten für dieselben	**frei**
412	Maschinen zum Auskehlen, Einfalzen und Glatthobeln für die Faßfabrikation . .	**frei**
414	Gautschwalzenmäntel, Maschinendrähte, Schlägerstangen und Sichteplatten für Papiermühlen	**frei**
416	Schmirgelschleifmaschinen und Schmirgelräder	**frei**

---

1) Zur Zeit der Drucklegung textlich noch nicht genau bekannt. Siehe auch die Anmerkung „Notizlich" am Schlusse.

Zollsatz
vom Werte
vH.

418 Maschinen- [und Hand-] Werkzeuge für Maschinenbauer, Kesselbauer, Messing-
    warenzurichter, sowie alle Maschinen- [und Hand-] Werkzeuge für Metall- und
    Holzbearbeitung . . . . **frei**
419 Dampfmaschinen-Regulatoren . . . . **frei**
421 Feuerspritzen, einschl. Merryweathers chemische Feuerspritzen . . . . **frei**
424 Gas-Maschinen und -Hämmer sowie Ölmaschinen . . . . **frei**
426 Krane, hydraulische . . . . **frei**
434 Lokomotiven . . . . **frei**
435 Maschinensägen . . . . **frei**
436 Maschinen, ausschließlich für die Rübenzuckerfabrikation . . . . **frei**
437 Maschinen für Milchwirtschaftszwecke . . . . **frei**
438 Maschinen aller Art für Bergwerkszwecke, einschl. Pumpwerke, jedoch mit Ausschluß
    von Baggermaschinen . . . . **frei**
439 Maschinen für Zwecke und Prozesse der Goldgewinnung . . . . **frei**
445 Lokomobilen, auf vier oder mehr Rädern, mit Kesseln nach Art derjenigen der
    Lokomotiven, sowie Zugmaschinen . . . . **frei**
448 Erntemaschinen und Garbenbinder, Ernte- und Mähmaschinen und Reserveteile für
    dieselben; Materialien zur Fabrikation von landwirtschaftlichen Maschinen, näm-
    lich: [Erntemesser-Sätze, Finger, Messing- und Stahlfedern, schmiedbarer Guß,
    Scheiben für Eggen, Pflugstreichbretter und Pflugschare, stählerne Pflugschar-
    platten, nach Muster geschnitten, Radschutzplatten, Platten zu Pflugstreichbrettern
    (skeith plates), Pflüge und Eggen], kombinierte Dreschmaschinen . . . . **frei**
451 Separatoren und Kühlapparate für Molkereien . . . . **frei**
453 Näh-, Strick- und Fältelmaschinen . . . . **frei**
456 Stählerne Rammblöcke, schwarz oder farbig gemacht, für hydraulische Krane oder
    Speicherkrane . . . . **frei**

Notizlich. In einem dem neuseeländischen Parlament vorgelegten Entwurf eines neuen Zolltarifs sind Zuschlag-
zölle für eine größere Anzahl nichtbritischer Waren vorgesehen, von denen für die Einfuhr aus Deutschland hauptsächlich
folgende in Betracht kommen:

Zollsätze
für britische
Erzeugnisse
vom Werte
vH.

A. Zuschlag von 50 vH. des Wertes vom 1. April 1908 ab.
    Hebewinden, Krane, Ankerwinden und Haspel **20**
B. Zuschlag von 20 vH. des Wertes vom 16. Juli 1907 ab.
    Gasmaschinen und -hämmer sowie Ölmaschinen . . . . **frei**
C. Zuschlag von 10 vH. des Wertes vom 1. April 1908 ab.
    Maschinen nämlich: Meiereimaschinen (einschließlich Rahmscheidemaschinen), Bergwerksmaschinen, Maschinen
    für Zwecke der Goldgewinnung . . . . **frei**
    Druck-Maschinen oder -Pressen; Bossier-, Bronzier-, Schrift-Gieß- und Schrift-Setzmaschinen; Maschinen zur
    Herstellung von Pappschachteln, und Werkzeuge dafür **5**
    Typen und Druckmaterialien, nicht anderweit vorgesehen, nur zum Gebrauch für Drucker geeignet . . . . . **frei**
    Näh-, Strick- und Fältel-(kilting-)maschinen . . . . **frei**
    Maschinen-Treibriemen, außer den ledernen, und nicht in Tauen oder Seilen bestehend . . . . **frei**
    Maschinen, wie solche zum Mahlen von Mehl, zum Gefrieren, Baggern, für Wollfabriken, Papierfabriken, zur
    Tau- und Bindfadenfabrikation, zum Reinigen und Bohren von Öl, zum Konservieren von Fleisch und zum
    Spalten von Leder **5**

Maschinensatz und Druck von Breitkopf & Härtel in Leipzig.